신앙으로 읽는
생태교과서

신앙으로 읽는
생태교과서

한국교회환경연구소 편집위원

동연

하늘은 하나님의 영광을 드러내고,
창공은 그의 솜씨를 알려 준다.
낮은 낮에게 말씀을 전해 주고,
밤은 밤에게 지식을 알려 준다.
그 이야기 그 말소리,
비록 아무 소리가 들리지 않아도
그 소리 온 누리에 울려 퍼지고,
그 말씀 세상 끝까지 번져 간다.

시편: 19장 1절

정의를 뿌리고 사랑의 열매를 거두어라.

지금은 너희가 주를 찾을 때이다.

묵은 땅을 갈아엎어라.

나 주가 너희에게 가서 정의를 비처럼 내려주겠다.

– 호세아서 10장 12절 ^(새번역)

하느님의 피조세계 전체를 사랑하라.

모래 한 알에 이르기까지 사랑하라.

잎사귀 하나까지 사랑하라.

하느님 빛의 광선 하나하나를 사랑하라.

동물들을 사랑하라.

식물들을 사랑하라.

모든 것을 사랑하라.

그대가 모든 것을 사랑하면,

모든 것 안에서 하느님의 신비를

알아보게 될 것이다.

‑ 도스토예프스키의 카라마조프가의 형제들 중에서

피조물의 신음소리

말
씀

로마서 8:18-22

¹⁸ 생각하건대 현재의 고난은 장차 우리에게 나타날 영광과 비교할 수 없도다. ¹⁹ 피조물이 고대하는 바는 하나님의 아들들이 나타나는 것이니 ²⁰ 피조물이 허무한 데 굴복하는 것은 자기 뜻이 아니요 오직 굴복하게 하시는 이로 말미암음이라. ²¹ 그 바라는 것은 피조물도 썩어짐의 종 노릇 한 데서 해방되어 하나님의 자녀들의 영광의 자유에 이르는 것이니라. ²² 피조물이 다 이제까지 함께 탄식하며 함께 고통을 겪고 있는 것을 우리가 아느니라. (개역개정)

¹⁸ 현재 우리가 겪는 고난은, 장차 우리에게 나타날 영광에 견주면, 아무것도 아니라고 나는 생각합니다. ¹⁹ 피조물은 하나님의 자녀들이 나타나기를 간절히 기다리고 있습니다. ²⁰ 피조물이 허무에 굴복했지만, 그것은 자의로 그렇게 한 것이 아니라, 굴복하게 하신 그분이 그렇게 하신 것입니다. 그러나 소망은 남아 있습니다. ²¹ 그것은 곧 피조물도 썩어짐의 종살이에서 해방되어서, 하나님의 자녀가 누릴 영광된 자유를 얻으리라는 것입니다. ²² 모든 피조물이 이제까지 함께 신음하며, 함께 해산의 고통을 겪고 있다는 것을, 우리는 압니다. (새번역)

신앙으로 읽는 생태교과서

묵
상

1 하나님이 지으신 피조물들이 지금 세상에서 고난을 겪고 있다고 말씀하십니다.[18, 22절] 이 말씀에 동감하시나요? 동감하는 이유와 그렇지 않은 이유는 무엇입니까? 어떤 피조물의 고난이 생각나십니까?

2 오늘날 피조물들이 간절히 기다리고 있는 이는 누구입니까? [19절] 그와 당신은 어떤 관계가 있습니까?

3 지금도 피조물이 소망하고 있는 것은 썩어짐의 굴레에서 해방되어 하나님의 자녀가 누리는 영광스런 자유에 참여하는 것입니다.[20-21절] 그들이 해방되기 원하는 썩어짐의 종 노릇은 무엇이며, 또 참여하기 원하는 하나님의 자녀 된 자의 자유는 무엇입니까? 우리가 살고 있는 시대 속에서 찾아봅시다.

4 골로새서 1:15-20의 말씀을 참고하여 다음 괄호에 알맞은 낱말을 넣어 봅시다.
"그리스도의 구속은 (①□□)만을 위한 것이 아니고, 하나님께서 창조하신 모든 (②□□□)을 위한 것입니다."

5 요한복음 1:12에 보면, "영접하는 자, 곧 그 이름을 믿
는 자들에게는 하나님의 자녀가 될 권세를 주셨으니,
이는 혈통으로나 육정으로나 사람의 뜻으로 난 것이 아
니요 오직 하나님께로서 난 자들이니라" 하셨습니다.
하나님의 자녀 된 우리는 고통 가운데 탄식하고 있는
피조물들 앞에 어떤 모습으로 서야 하는 걸까요?
　자신의 삶을 돌아보며, 그들 앞에 서 있는 나의 모습
을 그려봅시다.

생 태
이 론

생태위기의 성서적 근거

전 세계는 생태위기에 놓여있다. 기후변화와 지구온난화, 핵발전의 문제, 생물다양성 상실과 멸종, 숲의 파괴와 해양의 오염까지 지구적 위기에 직면해 있다. 기후변화는 기후재난이라고 말할 만큼 심각한 수준이다. 기후변화는 온실가스 증가로 인한 지구온난화의 결과다.

온실가스 증가의 원인은 석유, 석탄과 같은 화석연료 사용에 의한 이산화탄소 발생이다. 산업화에 따른 공장과 비행기, 자동차와 같은 운송수단이 화석연료 사용의 대표적 예다. 산업화에 따른 제품 생산이 많아지고 이 제품들을 유통시키는 상업이 활발할수록 이산화탄소 발생량은 증가할 수밖에 없다. 이와 더불어 목재를 얻기 위한 벌목과 토지개발로 파헤쳐지는 삼림 파괴는 이산화탄소 발생을 부추긴다.

이와 함께 인간의 육식을 위해 공장식으로 사육되는 가축이 배출하는 메탄가스도 문제이다. 소의 트림이나 방귀, 가축 분뇨, 농업 폐기물 등에서 발생되는 메탄가스 발생량은 과도한 육류소비와 함께 증가한다. 최근에는 지구온난화로 인해 극지방에 얼어 있던 동식물의 잔해가 녹으면서 메탄가스 발생을 가속화한다는 연구결과도 발표되었다.

이산화탄소와 메탄가스의 증가는 대기를 오염시킬 뿐 아니라 태양으로부터 오는 복사열을 지구 안에 가두어 온실효과를 만들어 내고 지구의 온도를 높인다. 지구온난화는 극지방의 빙하를 녹여 해수면을 상승시킨다. 해수면 상승은 해안이나 섬, 저지대에 살고 있는 사람들의 터전을 잃게 한다. 지구온난화에 따른 기후변화는 홍수나 가뭄, 태풍과 같은 자연재해 발생을 늘어나게 하고 그 결과 농산물 생산량의 감소에 따른 식량문제도 일으키고 있다.

기후변화의 가장 큰 원인인 화석연료 사용은 미세먼지 발생의 주범이기도 하다. 화석연료 사용을 줄이기 위해 신재생에너지가 대두되고 있다는 점은 긍정적이다. 하지만 신재생에너지를 언급할 때 원자력(핵)발전을 포함시키는 것은 큰 오류를 범하는 일이다. 핵 에너지를 사용하는 것은 기후변화와 함께 인류의 생존을 위협하는 또 다른 요인이기 때문이다.

핵발전의 문제는 세계적인 대형사고를 경험하며 그 심각성이 확인되고 있다. 먼저 1979년 미국 펜실베니아에서 있었던 스리마일 섬 핵발전소 폭발사고는 10여 만명의 주민들이 도시를 긴급히 탈출하는 사태를 발생시켰다. 이후 미국의 원전산업은 사양산업으로 전락하게 된다. 두 번째로 1986년 구소련 체르노빌에서 발생했던 핵발전소 폭발사고는 40여만명의 이재민을 발생시켰고, 아직도 수많은 피폭자와 사망자를 만들고 있다. 마지막으로 2011년 발생한 일본 후쿠시마 핵발전소 폭발사고는 2만여명의 사상자와 수십만명의 이재민을 발생시켰다. 아직도 핵발전소 폭발 사고의 오염은 수습되지 못하고 있다.

이와 함께 인간 중심의 대규모 관개농업과 거주지 확대, 숲의 파괴로 인해 생물의 다양성이 급격히 상실되고 있다. 농사의 편의성을 위한 농약살포와 유전자변형 GMO에 이르기까지 지구공동체는 전 방위적인 멸종위기에 직면해있다.

이런 상황 속에서 그리스도인이라면 생태위기에 대해 성서는 무엇을 말하며 이를 해결하기 위해 성서는 무엇을 제시하고 있는지 묻지 않을 수 없다.

창조, 하나님이 만드신 세상

우리를 둘러싸고 있는 자연환경에 대해 성서는 하나님

에 의해 창조되었다고 선언한다.^(창 1:1) 하나님에 의해 창조된 피조세계는 하나님께서 보시기에 좋았다. 그리고 모든 것을 만드신 후 심히 좋았다고 표현하신다.^(창1:31) 이 말은 지구환경 중 어느 하나가 아닌 모든 것이 조화롭게 공존할 때 매우 좋다는 말이다.

하나님은 하나님의 형상대로 사람을 창조하셨다. 그리고 그들에게 '생육하고 번성하여 땅에 충만하고 땅을 정복하며 모든 생물을 다스리라'고 하셨다. 사람은 이 말씀 앞에 에덴동산의 정원사가 되었다. 그런데 정원사가 지켜야 할 원칙이 있었다.

"여호와 하나님이 그 사람을 이끌어 에덴 동산에 두어 그것을 경작하며 지키게 하시고 여호와 하나님이 그 사람에게 명하여 이르시되 동산 각종 나무의 열매는 네가 임의로 먹되 선악을 알게 하는 나무의 열매는 먹지 말라 네가 먹는 날에는 반드시 죽으리라"^(창 2:15-17)

타락, 창조세계의 파괴

하지만 인간은 금단의 열매를 먹어버렸다. '선악을 알게 하는 나무의 열매'를 먹었다는 행위의 상징은 하나님과 관계없이 인간 스스로 선과 악을 판단하고 선택했다는 말이다. 하나님을 떠난 좋음(선)과 나쁨(악)의 판단은 어리석음과 부끄러운 욕심이 되었다.^(롬 1:20-32) '루소^{Rousseau,} ^{Jean Jacques}'가 '에밀'에서 말한 대로 '조물주가 만물을 창조

아담과 이브 Adam and Eve / 알브레히트 뒤러 Albrecht Dürer
25 X 19cm / 판화 / 르 베르죄르 미술관

성서로 보는 생태위기

할 때는 모든 것이 선이었으나 인간의 손이 닿는 것마다 모든 것이 타락하게 되었다.' 다스리고 땅을 정복하라.(창 1:26, 28)는 하나님의 명령을 에덴동산의 정원사나 청지기의 역할보다 자기 욕심을 따라 창조세계를 착취해도 되는 것으로 오해하여 현대 생태위기의 원인이 되었다는 '린 화이트White, Lynn'의 지적은 틀리지 않았다.

인간의 타락은 하나님이 보시기에 심히 좋았던 환경을 서로 저주하고 탓하는 세상으로 바꿔 놓았다. 인간의 불순종으로 땅은 저주를 받고, 저주받은 땅은 인간을 향해 가시덤불과 엉겅퀴를 내기 시작했다.(창 3:17-18) 모든 동물들은 인간을 무서워하고,(창 9:2) 때로는 인간을 공격한다.(욥 1:4) 자연과 인간만 적대적이지 않고 인간과 인간도 서로를 죽이고,(창 4:8) 타인을 노예로 삼아 학대하고 괴롭혔다.(출 1:10-11) 바울의 말처럼 '피조물이 다 이제까지 함께 탄식하며 함께 고통을 겪고 있는 것'을 우리가 알고 있다.(롬 8:22) 그 고통의 구체적 경험이 오늘날 전 세계에 닥친 생태위기이다.

구속, 재창조의 역사

선악을 스스로 판단하고 선택한 인간은 인간과 인간, 그리고 인간과 피조세계가 서로 고통을 주고받는 순환고리에서 벗어나지 못하게 되었다. 그로 인해 피조물은 하나님의 아들들이 나타나는 것을 고대하였다.(롬 8:19) 하나님은 그들의 신음소리를 들으시고^(출 2:23-24) 하나님의 대리인을 보내셨다. 바로 모세와 사사들, 그리고 선지자들이었다. 하나님은 그들을 보내어 구속의 역사를 펼치셨다. 그리고 마침내 예수 그리스도를 통해 구속의 역사를 이미 성취하셨고 예수의 재림까지 완성해 가고 계신다.

여기서 구속^{redemption}이란 '다시 사오다'라는 뜻으로 포로된 자를 속박에서 풀어주어 자유인으로 회복시켰다는 말이다. 그러므로 생태적 관점에서 구속은 재창조의 의미가 강하다. 선악을 알게 하는 나무의 열매를 취함으로 들어온 하나님과 인간, 인간과 인간, 인간과 자연 사이의 고통의 고리가 끊어지고 창조 본래의 모습으로 회복되는 사건이 구속의 사건이다.

하나님의 아들들과 예수 그리스도를 통한 구속의 구체적 모습은 무엇인가? 예수는 공생애를 시작하시면서 '회개하라 하나님 나라가 가까이 왔다'고 선포하신다. 앞의 내용과 연결해서 설명하자면 인간 스스로의 선악 판단을 중지하고 하나님의 법으로 돌아오라는 말이다. 하나님의 법으로 통치되어지는 하나님 나라가 이루어질 때 하나님과 인간, 인간과 인간, 인간과 자연이 이사야의 예언처럼 눈앞에 펼쳐질 것이다.

"그 때에 이리가 어린 양과 함께 살며 표범이 어린 염소와 함께 누우며 송아지와 어린 사자와 살진 짐승이 함께 있어 어린 아이에게 끌리며 암소와 곰이 함께 먹으며 그것들의 새끼가 함께 엎드리며 사자가 소처럼 풀을 먹을 것이며 젖 먹는 아이가 독사의 구멍에서 장난하며 젖 뗀 어린 아이가 독사의 굴에 손을 넣을 것이라 내 거룩한 산 모든 곳에서 해 됨도 없고 상함도 없을 것이니 이는 물이 바다를 덮음 같이 여호와를 아는 지식이 세상에 충만할 것임이니라"(사 11:6-9)

하나님 나라의 가시적 표현, 신앙공동체

하나님께서는 당신의 창조세계가 인간의 타락으로 창조세계가 저주 아래에 놓여 있을 때 이를 되돌이키기 위해 하나님께서 직접 행동하시지 않은 점을 우리는 주목해야 한다. 하나님은 좁게는 모세와 사사, 그리고 선지자, 넓게는 이스라엘 백성들과 같은 하나님의 아들들을 보내시고 그들을 통해 일하셨다. 또 성부 하나님은 성자 하나님을 통해 일하셨다. 그리고 성자 하나님이신 예수 그리스도는 제자를 부르시고 제자공동체를 통해 구속의 역사를 이루기로 결정하셨다. '로핑크Gerhard Lohfink'의 표현대로 하나님은 세상의 수많은 백성 가운데서 유일한 한 백성을 찾아내어, 바로 이 백성을 구원의 가시적 징표로 삼고자 하신다.

예수는 제자를 부르실 때 나를 따라오라고 명령하셨다. 나를 따르라는 명령은 예수의 삶을 본 대로 살아가라는 명령이다. 이는 도제방식의 모습을 보여준다. 도제방

식으로 훈련된 제자공동체가 세워진 이유는 세상 속에서 갈 바를 모르는 이에게 생명의 빛을 비추고, 하나님 나라의 소금으로 살맛나는 세상을 구현하도록 하기 위함이다. 이를 생태위기로 비춰보면 하나님은 오염되고 파괴

된 환경이 신앙공동체의 대안적 삶을 통해 회복되길 원하신다. 예수 그리스도는 창조세계의 회복을 바라며 오늘도 '나를 따르라'고 당신의 교회들을 향해 소리를 높이고 계신다.

대안적 삶, 안식

지구환경을 회복시키기 위해 예수께서 신앙공동체에게 부탁하신 대안적 삶은 무엇인가? 예수께서 공생애를 시작하면서 이사야의 말씀으로 자신의 삶을 이렇게 설명하셨다.

"예수께서 그 자라나신 곳 나사렛에 이르사 안식일에 늘 하시던 대로 회당에 들어가사 성경을 읽으려고 서시매 선지자 이사야의 글을 드리거늘 책을 펴서 이렇게 기록된 데를 찾으시니 곧 주의 성령이 내게 임하셨으니 이는 가난한 자에게 복음을 전하게 하시려고 내게 기름을 부으시고 나를 보내사 포로 된 자에게 자유를, 눈 먼 자에게 다시 보게 함을 전파하며 눌린 자를 자유롭게 하고 주의 은혜의 해를 전파하게 하려 하심이라 하였더라. 책을 덮어 그 맡은 자에게 주시고 앉으시니 회당에 있는 자들이 다 주목하여 보더라. 이에 예수께서 그들에게 말씀하시되 이 글이 오늘 너희 귀에 응하였느니라 하시니"(눅 4:16-21)

여기서 말하는 은혜의 해는 희년을 말한다. 희년이 어떻게 환경을 회복시키는 대안적 삶이 될 수 있을까? 희년은 안식년의 확장이며 안식년은 안식일의 확장이다. 안식일은 사람을 위한 하나님의 명령이다. 안식일은 쉬는 날이다. 오늘날도 그렇지만 고대사회에서도 쉼이 필요할 사람은 고용주(자본가)가 아닌 고용인(노동자)이다. 이런 측면에서 안식일은 포로된 자, 눌린 자들의 날이다. 농경 사회에서 노동자가 쉬면 경작에 쓰이는 동물도 쉬고, 땅도 쉴 수 있다. 땅이 쉬면 농작물이 자라면서 사용한 땅심, 지력이 회복되고 사람은 체력이 회복된다. 지력과 체력이 회복되지 않는 상태에서 일은 땅의 생산력을 떨어뜨리고 사람의 건강을 해친다. 쉼 없는 노동은 자연도, 사람도 망가뜨리는 일이다.

쉼 없이 일하는 이유는 염려 때문이다. 내가 일하지 않으면 얻는 것이 없다는 생각이 염려다. 이 말은 반은 맞고 반은 틀리다. 전도서 기자는 심는 이와 거두는 이가 다른 모순을 발견한 후 인간의 수고가 헛되다고 말한다. 예수께서도 공중의 새와 들의 백합화를 보고 염려 때문에 쉼 없는 노동을 멈추라고 말씀하신다.(마 6:26-31) 안식하지 못하는 것은 창조세계를 위해 일하시는 하나님을 무시하는 일이다.

안식일, 안식년, 희년을 지키는 것은 하나님의 창조물인 자연과 인간을 착취하는 것으로부터 해방시키는 일이며 동시에 보호하고 회복시키는 일이다. 더 많은 물질을 얻기 위한 쉼(안식) 없는 일을 신앙공동체는 멈추어야 한

안식일, 안식년, 희년을 지키는 것은 하나님의 창조물인 자연과 인간을 착취하는 것으로부터 해방시키는 일이며 동시에 보호하고 회복시키는 일이다.

다. 안식을 통해 얼마나 쓸모없는 염려를 하며 살았는지, 필요 이상의 물질에 얼마나 집착하며 살았는지, 그로 인해 나 자신과 타인, 그리고 자연을 훼손시켰는지 돌아보고 만물을 새롭게 하시는 하나님나라의 통치 안으로 우리는 돌아가야 할 것이다.

신앙으로 읽는 생태교과서

1 오늘날 우리가 경험하고 있는 생태위기는 무엇이
   있나요? 알고 있는 바를 정리해서 적어 보세요.

2 기독교적 관점에서 생태위기가 발생한 원인을
   어떻게 설명할 수 있을까요?

3 '정복하고 다스리라'는 말씀은 창조세계 보전과
   관련하여 어떤 의미를 갖고 있나요?

4 타락과 죄 가운데 있던 인간과 자연을 누가
   회복시킬 수 있나요?

5 자연을 보호하기 위해 성경이 제시하는 구체적
   방법은 무엇인가요?

나는 얼마나 자연과 함께
살아가고 있다고 생각하나요?
나의 삶을 점검해 봅시다.
또한 우리의 교회는 어떠한가요?

생 활
실 천

경건한 삶을 위하여

"이 세상이나 세상에 있는 것들을 사랑하지 말라 누구든지 세상을 사랑하면 아버지의 사랑이 그 안에 있지 아니하니 이는 세상에 있는 모든 것이 육신의 정욕과 안목의 정욕과 이생의 자랑이니 다 아버지께로부터 온 것이 아니요 세상으로부터 온 것이라"(요한1서 2:15-16)

예수께서 우리를 향해 '하나님과 재물을 겸하여 섬기지 못한다'(마 6:24)고 말씀하셨다. 이 말씀에 따라 그리스도인들은 물질을 경시하는 것이 신앙의 덕목이라 여긴다. 하지만 우리는 항상 물질 때문에 염려하고 물질을 구하는 기도를 한다. 물질에 대한 염려와 채워지지 않는 만족의 원인은 무엇일까? '알랭 드 보통Alain de Botton'은 불안(염려)에 대한 원인 5가지를 말한다.

첫 번째는 사랑의 결핍이다. 그래서 우리는 타인의 욕

망을 욕망하는 경향이 있다. 타인이 중요하게 생각하는 것을 얻어 타인의 사랑과 관심을 얻고 싶어 한다. 하지만 타인의 관심이 다른 이에게 쏠리면 나는 불안하다.

두 번째는 속물근성이다. 이 말은 높은 지위를 갖지 못한 사람을 가리켰고 상대방에게 높은 지위가 없으면 불쾌해하는 사람을 가리키게 된다. 타인의 높은 지위를 요구하는 것은 그로 인해 자신 또한 중요한 인물로 여겨지기 때문이다. 속물근성은 사치품과 연결되어 명품을 소유하고 있으면 자신이 중요한 사람으로 여기기도 한다.

세 번째는 기대다. 물질의 번영과 함께 자유경쟁시장에 살게 되면서 우리는 미래에 기대를 갖는다. 하지만 기대에 미치지 못하는 결과를 만날 때 우리는 불안하다.

네 번째는 능력주의다. 가난한 사람은 능력이 없고 사회에서 쓸모없으며 비도덕적인 삶의 결과라는 판단기준으로 인해 자신이 무능력한 사람으로 여겨질까 불안하다.

다섯 번째는 불확실성이다. 노력하면 성공할 수 있다는 신화는 불안정한 경제상황에서는 누구도 예측할 수 없어 불안하다.

사람들은 타인에게 사랑받고 싶어서, 타인에게 칭찬과 존경을 얻기 위해서, 불확실한 사회 속에서 확실성을 잡기 위해 물질에 집착한다. 더 많은 소유를 가지면 이 모든 불안에서 자유로워질 수 있다는 기대 때문이다. 하지만 앞서 언급한 것처럼 기대치가 채워지기 어렵다. 그래서 사람들은 늘 만족할 줄 모르고 더 많은 것을 갖기 위해 타인과 경쟁하며 과도한 소비로 자신의 몸집을 불리려고 한다. 이는 타인과 관계의 틈을 계속 넓게 벌리고 자연과의 관계는 만족할 줄 모르는 소유와 소비의 형태로 쓰레기를 생산하여 환경을 망치게 만든다. '알랭 드 보통'이 말한 불안의 5가지 요소는 하나님으로부터 온 것이 아니라 세상으로부터 온 것이며 악마의 속임수에 불과하다. 이런 불안과 염려에서 우리를 자유롭게 하는 길은 무엇일까?

보시기에 참 좋았더라

태초에 하나님은 자신의 형상을 따라 인간을 지으시고 보시기에 좋았더라고 선포하셨다. 인간이 창조세계에 있음과 동시에 하나님은 자연의 완성을 보시고 참 좋았더라고 하셨다. 이는 태초의 아담에게 해당되는 말이 아니라 아담의 후손인 인간 모두에게 해당됨을 잊지 말아야 한다. 내가 무엇을 소유해서가 아닌 나라는 존재만으로 사랑받을 만하며 존귀한 존재임을 믿어야만 한다. 이것은 하나님과 나만의 관계에만 머물지 말고 신앙공동체 안에서 확인을 받아야 한다.

우리는 많은 것을 소유했음에도 영생을 갈구한 부자청년의 이야기를 알고 있다. 예수께서 그에게 영생의 길을 알려주셨는데 재물을 팔아 가난한 사람들에게 나눠주고 당신을 따르라고 명령하셨다. 소유의 넉넉함이 불안과 염려를 없애지 못한다. 소유한 것을 타인과 나누는 사랑을 실천할 때 염려에서 해방되며 진정 사랑받는 자로 확인받게 될 것이다. 나눔은 소유의 반대 개념이다. 더 이상 불필요한 과소비는 없어도 된다. 공동체 안에서의 나눔은 소유를 위한 과잉생산, 과소비, 쓰레기 증가라는 악순환으로 자연을 망가뜨리는 일을 멈출 수 있다.

세상과 다른 가치관과 공동체 형성

한동안 사회에서 '부러우면 지는 거다'는 말이 유행했다. 기독교인은 하나님을 따라 살아간다고 하면서도 세상의 가치에 따라 세상의 유행에 민감하고 세상의 가치를 추구하는 경향이 짙었다. '막스 베버Max Weber'는 그의 저서 '프로테스탄트 윤리와 자본주의 정신'에서 프로테스탄트 금욕주의는 목적으로서 부의 추구는 비난받아야 할 죄악이라고 보면서도 직업노동을 통한 부의 획득은 신의 축복이라고 보았다. 또한 지속적인 직업노동을 금욕을 위한 최고의 수단이자, 신앙의 진실성을 보여주는 증표로 평가했다. 그 결과 부는 신앙심을 측정하는 눈금자 역할을 감당했고 물질적 부와 많은 소유를 칭찬했다. 하지만 자본주의 사회에서 부의 형성이 얼마나 비윤리적이며 불공정한지 우리는 잘 알고 있다.

예수께서는 장터에 나간 포도원 주인 비유를 통해 많이 일한 자도 적게 일한 자도 같은 품삯을 쳐주는 모습을 그리면서 세상과 다른 하나님 나라의 계산을 우리에게 보여주셨다. 신앙공동체는 세상과 다른 삶의 방식에 따라 물질을 나누고 소유보다 존재의 아름다움에 더 많은 가치를 두는 대안적 사회를 이룰 때 자연은 더 이상 인간의 과시 욕구를 위해 희생당하지 않을 수 있다. 세상과 다른 가치를 추구하는 삶의 태도가 바로 하나님만을 섬기며 살아가는 신앙의 모습이며 그 결과 사람도, 환경도 살릴 수 있을 것이다.

먼저 그의 나라와 그의 의를 구하라

기독교 신앙공동체와 그리스도인들은 무엇을 먹고 무엇을 마실까 염려하기보다 먼저 하나님의 나라와 의를 구해야 한다. 로마서 14장 17절은 '하나님의 나라를 먹고 마시는 것에 있지 않고 오직 의과 공평과 희락'이라고 하였다. 하나님의 뜻에 따른 정의로운 사회가 세워지면 너와 나, 인간과 자연이 평화를 이루고 온 세상이 기쁨으로 가득할 것이다. 하지만 이런 일들은 한 번도 완성되지 않았다. 이것은 믿음을 통해 이루어지는 일이기 때문이다.

예수는 까마귀와 백합화를 보라고 하면서 염려하는 이들을 향해 믿음이 작다고 일갈하신다. 성서의 개역개정판은 크기를 표현하는 '작다'라는 형용사를 사용하지만, 새국제성경(NIV)은 양을 표현하는 '적다little'로 해석하고 있다. 믿음이 크고 작다면 믿음의 성장을 기대하기 어렵다. 하지만 믿음이 많고 적다면 그렇지 않다. 믿음이란 바라는 것들의 실상이기에 항상 도전이 뒤따른다. 믿음의 도전에 따라 사실이 확인된 신앙경험이 많으면 많을수록 믿음은 커진다. 하지만 믿음의 도전 횟수가 적다면 믿음은 적거나 믿음이 성장하지 않는다.

내가 사랑받고 있다는 확신은 타인의 욕망을 욕망하지 않을 것이며 속물근성에 젖어 사치와 향락을 구하지 않을 것이다. 또 타인을 향해 자신의 소유를 나누고 소비지향적 삶을 버린다면 부자청년이 구했던 영생을 이 땅에서부터 영원한 세계에 이르기까지 누리게 될 것이다. 그러므로 먼저 그의 나라와 그의 의를 구하는 삶을 살자. 하나님 나라의 표상인 정의, 평화, 기쁨(롬 14:17)을 추구하며 살아가자.

나의
경건한 삶
지수는?

다음은 자신의 생활을 아래의 질문을 기초로 평가하는 순서입니다. 각각의 항목에 주어진 예를 참고로 솔직하게 점수(한 항목에 10점)를 매겨 보세요. 또한 앞으로 매달 점검하여 자신의 실천이 얼마나 향상했는지 진단해 봅시다. 주어진 예는 번호가 큰 것일수록 점수가 높다고 생각하시면서 참고하십시오.

1. 과학기술과 인류의 행복 사이에 어떤 관계가 있다고 봅니까?
　　나의 생각:　　　　　　　　　　　　（　　）점
① 별로 생각하지 않고 살아간다.
② 과학이 모든 것을 할 수 있으며 행복할 수 있다.
③ 물질적인 풍요는 누리게 되었지만 인류에게 행복을
　보장하지는 않는다.
④ 오히려 환경이 파괴되고 인류의 행복을 위협하고 있다.

2. 평소 돈(물질)에 대해 어떻게 생각하고 있습니까?

나의 생각: ( )점

① 돈이 최고이며 돈이 있어야 무엇이든 할 수 있다고 생각한다.

② 은연 중 돈을 가장 중요한 것으로 이야기하는 경우가 많다.

③ 이왕이면 많이 있으면 좋겠다고 생각하고 있다.

④ 하나님의 도우심으로 살아가고 있다고 믿고 있다.

3. 자연에 대한 평소 생각과 자신의 삶을 청지기적 시각에서 보면 어떻게 평가할 수 있습니까?

나의 생각: ( )점

① 인간을 위해 존재하는 것이므로 최대한 이용해야 한다.

② 자연이 중요하다고는 생각하나 별다른 노력을 하지 않고 있다.

③ 자연은 소중하며 환경을 지키기 위해 나름대로 노력하고 있다.

④ 하나님의 피조물을 사랑하며 청지기로서 관리의 사명을
다하고 있다.

4. 주로 무엇을 위해 기도합니까?

나의 생각: ( )점

① 물질을 위해 기도한다.

② 가족들의 평안을 위해 기도한다.

③ 가끔 이웃을 위해 기도한다.

④ 이웃과 자연을 위해 항상 기도한다.

5. 경건한 생활을 위해 어느 정도 노력하고 있습니까?

나의 생각: (   )점

① 별 생각 없이 살고 있다.

② 경건하게 살려고 생각하며 가끔 성경을 읽고 기도하는 편이다.

③ 성경을 읽고 기도하며 경건하게 살려고 노력하고 있다.

④ 이웃의 아픔에 관심을 갖고 환경운동에 참여하고 있다.

6. 물질이나 자신의 욕구에 대해 어느 정도 절제하며

    살고 있습니까?

나의 생각: (   )점

① 새 물건을 구입하는 것을 즐기는 편이다.

② 있는 것은 최대한 활용하며 사용한다.

③ 물자를 아끼기 위해 노력한다.

④ 욕심을 절제하기 위해 노력하고 있다.

7. 시간에 쫓기며 살지 않기 위해 어느 정도 노력하고 있습니까?

나의 생각: (   )점

① 바쁘게 사는 것이 좋다.

② 바쁘지만 가능한 대로 시간을 내어 쉬려고 애쓴다.

③ 가급적 쉼을 누리고자, 불필요한 약속을 하지 않으려고
노력한다.

④ 쉼을 즐기며 고요한 가운데 하나님의 음성을 듣고자 한다.

8. 자연을 가까이하는 삶을 살고 있습니까?

　　나의 생각: 　　　　　　　　　　　　　　　(　)점

① 바빠서 산책할 시간도 없고 필요도 못 느낀다.

② 가끔 마을이나 공원을 산책한다.

③ 주말이면 등산을 즐긴다.

④ 텃밭이나 화분을 가꾸고 자연을 누리는 여행을 자주 가는
　　편이다.

9. 환경을 위한 사회참여를 어떻게 보십니까?

　　나의 생각: 　　　　　　　　　　　　　　　(　)점

① 신앙생활과 관계없는 일이다.

② 필요하지만 기도만 할 뿐이다.

③ 사회적 목소리를 내야한다고 생각한다.

④ 환경을 위한 운동에 적극 동참하고 직접 할 수 없더라도
　　환경단체에 후원을 하고 있다.

02 기독교 환경윤리

이 모든 서로 다른 목소리들 안에는

하나의 목소리와 하나의 이야기가 있습니다.

이 지구의 이야기는 우리의 깊은 관심과

기도를 필요로 하며, 지구가 항상 우리에게

필요한 사랑과 지원을 해주었던 것처럼,

우리의 사랑과 지원을 필요로 한다는

이야기입니다.

저희들로 하여금 지구의 수호자,

그 성스러운 방식들의 관리자로서의

우리의 역할을 기억하게 하시고,

또한 그 자연적인 리듬과 법칙들과

다시 조화를 이루어 사는 삶을

회복하도록 도와주소서.

–르웰린 보간리 '생태영성' 중에서

회복해야 할 모습

말

씀

창세기 1:26~28, 31

²⁶ 하나님이 이르시되 우리의 형상을 따라 우리의 모양대로 우리가 사람을 만들고 그들로 바다의 물고기와 하늘의 새와 가축과 온 땅과 땅에 기는 모든 것을 다스리게 하자하시고 ²⁷ 하나님이 자기 형상 곧 하나님의 형상대로 사람을 창조하시되 남자와 여자를 창조하시고 ²⁸ 하나님이 그들에게 복을 주시며 하나님이 그들에게 이르시되 생육하고 번성하여 땅에 충만하라, 땅을 정복하라, 바다의 물고기와 하늘의 새와 땅에 움직이는 모든 생물을 다스리라

하시니라. [31] 하나님이 지으신 그 모든 것을 보시니 보시기에 심히 좋았더라. 저녁이 되고 아침이 되니 이는 여섯째 날이니라. (개역개정)

[26] 하나님이 말씀하시기를 "우리가 우리의 형상을 따라서, 우리의 모양대로 사람을 만들자. 그리고 그가, 바다의 고기와 공중의 새와 땅 위에 사는 온갖 들짐승과 땅 위를 기어 다니는 모든 길짐승을 다스리게 하자" 하시고, [27] 하나님이 당신의 형상대로 사람을 창조하셨으니, 곧 하나님의 형상대로 사람을 창조하셨다. 하나님이 그들을 남자와 여자로 창조하셨다. [28] 하나님이 그들에게 복을 베푸셨다. 하나님이 그들에게 말씀하시기를 "생육하고 번성하여 땅에 충만하여라. 땅을 정복하여라. 바다의 고기와 공중의 새와 땅 위에서 살아 움직이는 모든 생물을 다스려라" 하셨다. [31] 하나님이 손수 만드신 모든 것을 보시니, 보시기에 참 좋았다. 저녁이 되고 아침이 되니, 엿샛날이 지났다. (새번역)

묵

상

1 우리는 하나님의 형상대로 지음 받은 존재입니다.^{(창}
   ^{1:26)}하나님의 형상은 어떤 모습인지 생각해 보고, 내 안
   에 그 형상이 있는지 생각해 봅시다.

2 다음 문장들은 하나님께서 사람에게 복을 주시며 건
   네신 말씀입니다. 우리는 복을 받은 대로 살고 있는지
   다음 문장을 보며 생각해 봅시다.^(창 1:28)

   '*생육하고 번성하라*' *be fruitful and increase in number:*
   '*땅에 충만하라*' *fill the earth:*
   '*땅을 정복하라*' *subdue it:*
   '*모든 생물을 다스리라*' *rull over all creature:*

   * *영어단어 'subdue'는 정복하다, 'conquer' 이외에도*
   '(토지를)개간하다, cultivate'의 뜻이 있습니다.

3 세상 사람들은 창 1:28의 '정복하고 다스리라'는 말씀
   을 들어 기독교가 환경 파괴적인 종교라고 말하기도
   합니다. 이 말씀을 에덴동산을 사람에게 맡기시며 말
   씀하신 '경작하며 지키라'^(창 2:15)와 비교해 봅시다.

4 생태위기에 직면하여 '생육하고 번성하라'는 하나님의
   명령은 어떤 의미가 있을까요?

5 '땅에 충만하라'는 하나님 말씀의 의미를 생각해보고
   개발과 탐욕으로 물든 인간사회의 풍요와 비교해 봅
   시다.

생 태
이 론

기독교 환경윤리

생명파괴의 현상

'삼한사온三寒四溫'에서 '삼한사미三寒四微'라는 말이 생겼다. '3일은 춥고 4일은 미세먼지가 기승을 부린다'라는 말로, 최근 우리나라 겨울 날씨와 대기오염의 심각성을 단적으로 표현하고 있다. 실제로 한국은 영국이나 미국에 비해 미세먼지 농도가 2배 이상 높게 나타나고 있다.

아침에 일어나면 상쾌한 마음으로 창문을 여는 것이 아니라 날씨정보를 통해 미세먼지 수치와 자외선 지수부터 확인하며 외출을 준비한다. 어린이들은 놀이터에서 마음껏 뛰어놀고 싶어도 외부와의 공기가 차단되고 공기청정기가 설치된 집이나 실내놀이터로 향할 수밖에 없다. 이렇게 환경오염으로 인한 피해와 두려움이 이제는 늘 우리 주변에 맴돌고 있다.

기온은 어떠한가? 요즈음 우리는 절기에 맞지 않는 더위에 시달리고 있다. 그 이유 중의 하나는 지구의 공기 오염 때문이다. 공기 오염 때문에 지구의 열기가 하늘 위로 발산될 수가 없다. 만약, 지구 온난화로 세계의 평균 기온이 산업혁명 전보다 2도 정도 상승하면 온난화에 제동이 걸리지 않아 기온 상승 폭이 4~5도에 달할 가능성이 있다는 연구결과도 있다.

평균기온이 2도 정도 오르면 그린란드 등의 대륙빙하가 녹거나 북극해의 바다 얼음이 감소해 기온상승이 이뤄진다. 기온 상승 폭이 4도 전후가 되면 남미 아마존의 열대우림이 고사하고 함유돼 있던 이산화탄소가 대량 방출된다. 온난화가 가속화돼 기온 상승 폭이 5도 이상이 되면 동남극의 대륙빙하가 녹아 해수면 상승이 최대 60m에 달할 가능성이 있다고 한다. 그래서 지구 온난화 대책을 규정한 '기후협약'은 기온상승 '1.5도 미만' 억제를 목표로 내걸고 있다.

우리 주변의 모습, 환경을 살펴보자. 산의 산림은 개발을 위해 나무를 마구 베어버림으로 황폐화 되었고, 집과 공장에서 방류하는 폐수는 작은 물고기조차 살 수 없게 했으며 우리가 마실 물을 독소로 가득 차게 하고 말았다. 오늘날 도시 근처 바다에서 잡히는 물고기들의 변형된 모습에서 우리는 소름 끼치는 경험을 하게 된다. 또

우리동네 대기정보

측정소 검색 🔍

중구 을(를) 중심으로 측정한 대기질 정보

2019년 07월 16일 22시
◐ 초미세먼지(PM2.5)
• 24시간 : 25μg/m³

보통
좋음
나쁨
매우
나쁨

항목	등급	측정값	항목	등급	측정값
초미세먼지 (PM2.5)	○	30μg/m³(1h) / 25μg/m³(24h)	미세먼지 (PM10)	○	42μg/m³(1h) / 41μg/m³(24h)
이산화질소	●	0.030ppm	일산화탄소	●	0.5ppm
오존	●	0.025ppm	아황산가스	●	0.003ppm

지구 온난화로 세계의 평균 기온이 산업혁명 전보다 2도 정도 상승하면 온난화에 제동이 걸리지 않아 기온 상승 폭이 4~5도에 달할 가능성이 있다.

한, 최근 프라스틱 폐기물은 해양 생태계를 위협하는 주요한 원인이 되고 있다.

우리가 먹는 음식은 농약뿐만 아니라 유전자 조작과 성장촉진제 그리고 식품첨가물 등으로 가득 차서 우리도 모르는 사이에 우리 몸을 병들게 하고 있다. 식품첨가물은 식품의 제조, 가공 또는 저장성 향상을 위해 의도적으로 쓰는 원재료 이외의 각종 물질을 말하는데, 이런 화학 첨가물이 우리 몸에 들어가면 우리 몸은 그것을 소화시키기 위해 많은 양의 비타민과 미네랄을 사용하게 된다. 식품첨가물의 유해성에 대해서는 많은 논란이 있지만 특히 성인보다 성장기에 있는 청소년들에게는 치명적인 영

우리가 먹는 음식은 농약뿐만 아니라 유전자 조작과 성장촉진제 그리고 식품첨가물 등으로 가득 차서 우리도 모르는 사이에 우리 몸을 병들게 하고 있다.

향을 미칠 수 있다.

정말 이대로 가다가는 인류와 지구가 모두 다 파멸되는 파국이 초래될지 누가 알겠는가? 생물멸종을 경고하는 목소리는 점점 커지고 있다. 왜 이렇게 되었을까? 인간의 행복을 위해 자연을 돌보지 않고 착취하고 파괴했기 때문이다.

행복의 기준

이런 재미나는 이야기가 있다. 서양 사람들이 태평양 어느 섬에 상륙하였을 때의 이야기다. 코코넛 나무 밑에서 낮잠을 자고 있는 선주민을 깨우면서 그 서양 사람은 이렇게 말하였다. "어서 일어나서 열심히 일을 하시오. 그래서 돈을 많이 버시오. 그러면 그 돈으로 좋은 집도 사고, 좋은 음식도 먹고 편리하게 그리고 행복하게 살수 있습니다." 이 말을 들은 선주민은 껄껄 웃으며 이렇게 대답했다고 한다. "거참 어리석은 사람들을 보겠나! 우리는 당신들처럼 그렇게 애써 돈을 벌려고 다투고 싸우지 않아도 이렇게 먹고 싶으면 바나나를 따먹고 자고 싶으면 코코넛 나무 밑에서 마음대로 자며 행복하게 살고 있는데 무엇 때문에 당신들처럼 그래야 한단 말이오. 에이! 어리석은 말 그만하고 이 섬에서 떠나시오." 물론 이것은 선주민들의 게으름을 나타내는 이야기로 간주할수도 있다.

그러나 한편 생각해보면 정말 어느 편이 행복한 것인지는 보는 각도에 따라 다를 수도 있다. 숨 막히는 도시의 거리를 정신없이 달려가면서 밤낮을 가리지 않고 다람쥐 쳇바퀴 돌 듯 사는 현대인들과 무르익은 벼농사를 바라보며 콧노래를 부르고 논두렁을 걸어가는 농부를 비교한다면 그 어느 편이 정말 행복한 것일까? 오늘날 서울 거리의 교통체증은 날이 갈수록 심해지고 있다. 걸어서도 그 시간이면 갈 수 있는 거리를 한 시간, 두 시간씩 허비하면서 그래도 자동차를 몰고 다녀야 한다. 한 해에 도로상에서 소비되는 휘발유 값이 몇 조원에 이른다고 한다. 이제 우리는 생각을 좀 다르게 할 때가 되었다.

동서양의 자연관

우리 사회의 정치, 경제, 문화가 서구화 되면서 의식주 등 생활방식뿐만 아니라 사고방식도 변하고 있다. 물론 자연을 대하는 모습도 예외는 아니다. 우리나라가 오랫동안 간직해온 동양의 자연관은 인간과 자연을 완전히 구분 짓고 인간이 자연의 지배자라는 입장보다는 자연과 인간이 조화되고 더불어 살아가는 존재로 보는 자연관이다. 그래서 동양인들에게 자연은 경외와 심미의 대상이지 정복의 대상은 아니다. 인간은 하나님이 아름답게 만드신 자연 속에 조화를 이루며 살아가는 존재이다. 동양의 산수화를 보면 인간은 아름다운 산과 수림과 호수 속에 어디 있는지도 모르게 조화를 이루며 살아가고 있다. 자세히 보아야 조그만 배에 타고 있는 인간을 발견할 수 있을 뿐이다.

반대로 서양의 자연관은 인간을 세상의 중심적인 존재로 보고 있으며 주체와 객체를 나누는 이분법적 세계관 속에서 인간이 자연을 마음대로 이용할 수 있다고 생각한다. 르네상스 시대의 '다윗'과 '마돈나'의 작품을 보라. 늠름하고 강력한 다윗의 인간상은 자연을 정복하는 인간 중심의 표상이며, 비길 데 없이 아름다운 마돈나의 모습은 자연의 어떠한 아름다운 꽃과도 비교할 수 없는 미의 상징이다. 인간은 만물의 영장일 뿐 아니라 자연을 정복하고 지배하는 신 자체이다. 다시 말해 지나친 인간 중심적인 서양문화가 자연을 이렇게 황폐하게 만들어 놓고 만 것이다.

물론, 동양적 자연관에도 문제점은 있다. 자연을 신성화한 나머지 정령주의에 빠져 자연의 노예가 되는 경우이다. 그런 견지에서 말한다면 우리가 취해야 할 방향은 서양의 자연지배도 아니고 그렇다고 동양의 자연숭배도 아닌 새로운 길이 되어야 한다. 즉 성경에 있는 하나님의 말씀을 따라 자연을 맡아 잘 돌보는 책임 있는 청지기가 되는 것이다.

청지기로서의 인간

창조의 이야기가 담긴 창세기는 인간과 자연을 어떤 모습으로 바라볼까? 하나님은 세상을 창조하시고 몇 번씩이나 좋다고 말씀하실 정도로 세상은 참 아름답고 좋았다. 하나님과 인간 그리고 자연이 서로 조화를 이루며 모든 만물들이 행복하게 살고 있었다. 그리고 하나님은 자신의 형상을 닮은 인간에게 이를 잘 가꾸고 보살피라는 첫 번째 사명을 맡기셨다.

'창세기 2장'의 창조관련 말씀(창2:4-8)은 '창세기 1장'에서 '자연을 정복하고 다스리라'(창1:28)는 말씀과는 전혀 다르게 표현돼 있다. '창세기 2장 4절 이하'에서는 '하나님이 사람을 데려다가 에덴동산에 두시고 그곳을 맡아서 돌보게' 하셨다. 즉 자연은 정복의 대상이 아니라 돌봄의 대상이며 인간은 하나님의 명령에 따라 이를 맡아서 책임 있게 보존하도록 위임 받은 청지기다.

그러나 인간에게 욕심이 생기면서 동료인간의 관계뿐만 아니라 하나님과의 관계, 자연과의 관계도 어긋나기 시작했다. 땅은 가시덤불과 엉겅퀴를 내기 시작했으며 인간은 수고하고 땀을 흘려야 땅의 소산물을 얻을 수 있게 되었다. 그로부터 인간은 자연을 돌봄의 대상이 아닌 정복의 대상으로 여기게 되었고 더 많은 것을 얻기 위해 착취와 파괴를 계속하게 되었다.

'자연은 인간을 위한 것이다'는 관점과 '인간은 자연의 일부다'는 관점은 전혀 다른 결과를 낳는다. '소크라테스Socrates'는 그의 저서 '회상'에서 자연이 인간의 이익을 위해 만들어졌다고 기술하고 있다. 이러한 관점은 17세기 철학자 '프랜시스 베이컨Francis Bacon'에 의해 널리 퍼졌다. 베이컨은 그의 저서 '신기관'에서 자연을 지배할 수 있는 권리는 인간에게만 있다고 확신했다.

이렇게 정복을 지향하는 자연관은 17세기 과학혁명을 통해 산업화를 이루었으며 자본주의와 경제적 합리주의 발전과정을 통해 물질적인 발전을 이룩하였다. 하지만, 자연을 파괴하고 환경을 오염시키는 출발점이 되기도 하였다.

환경윤리

20세기에는 '자연은 인간을 위한 것이다'에 반론을 제

1962년에 '레이첼 카슨Rachel Carson'은 화학 살충제의 위협을 다룬 〈침묵의 봄〉이란 책을 내놓았다. "애벌레가 사라진 봄에 새들의 지저귀는 소리를 들을 수 없는 침묵의 봄이 도래할 것이다."

기하는 흐름이 생기기 시작했다. 1962년에 '레이첼 카슨Rachel Carson'은 화학 살충제의 위협을 다룬 '침묵의 봄'이란 책을 내놓았다.

20세기는 산업화가 진전되고 화학공업의 발달로 화학 약품을 살충제로 사용하기 시작했다. 개발 당시의 목적 은 인간에게 유용하게 쓰려는 것이었지만 결과는 정반대 였다. 살충제를 반복적으로 사용하면서 오히려 해충의 저항력은 강해지고, 익충들이 더 피해를 보게 된다는 사 실이 밝혀졌다. 레이첼 카슨은 살충제로 인한 지표수, 지 하수, 강, 토양의 오염이 인간에게 주는 피해를 열거하며 인간이 정복자로서 살아가는 데는 한계가 있을 수밖에 없다고 주장한다. 그녀는 이렇게 경고한다.

"애벌레가 사라진 봄에 새들의 지저귀는 소리를 들을 수 없는 침묵의 봄이 도래할 것이다."

이렇게 산업화와 공업화가 진행되면서 인간 이외의 생명을 경시하는 현상들이 나타났는데, 이것은 우리 사회가 급성장하면서 환경윤리를 경시하는 것과 같은 맥락에서 이뤄졌다. 이제는 인간뿐만 아니라 인간이 속한 자연환경 사이의 도덕적 규범을 설정하고 그에 따라 모든 생명을 도덕적으로 인정하고 배려하는 환경윤리가 필요하다.

하지만 환경윤리는 환경오염과 생태위기를 극복하기 위해 과학기술에 의존하려는 경향이 강하다. 환경오염과 생명을 경시하는 현상들을 해결하기위해 과학기술을 강조하는 것은 큰 한계를 가지고 있고 또한 위험할 수 있다. 노르웨이 철학자 '아르네 네스Arne Naess'와 같은 생태사상가들은 전통적인 환경윤리를 통해 개인적 및 사회적 관행을 바꾸는 정도로는 생태위기에 대응할 수 없다고 생각한다. 생태사상가들은 윤리적인 것뿐만 아니라 세계관을 근본적으로 바꿀 수 있는 생태담론과 철학을 확대해야 한다고 주장 한다.

새로운 세상을 위하여

우리가 건강하게 그리고 후손들이 행복하게 살 수 있

도록 하기 위해 좀 덜 먹고, 덜 쓰고, 덜 편리하게 살아야
한다. 그래서 이 파괴되어 가고 있는 자연환경을 회복시
키고 하나님께서 창조하셨을 때의 모습 그대로 아름답고
조화된 세상으로 만들어 나가야 한다.

　한국교회는 아름다운 절제 운동의 전통을 가지고 있
다. 물론 그 당시는 물질적 어려움으로 일어난 운동이지
만, 물질이 풍부한 오늘의 상황에서도 인류와 자연의 공
존을 위해 새롭게 실천해 나간다면 생태위기 속에서 한

하나님의 첫 계명을 새롭게 깨달아 자기만을 생각하는 이기주의를 버리고 이웃
을 위해 그리고 자연과 더불어 살아가는 삶의 모습을 확립해야 한다.

국교회의 큰 공헌이 될 것이다. 우리의 책임은 자연을 마구잡이로 정복하고 파헤치는 것이 아니고 그것을 책임있게 맡아서 가꾸고 돌보는 것이다.

새로운 세상을 위해서는 우리의 생각과 삶의 태도가 달라져야 한다. 서구의 인간 중심적 사상과 성장주의 그리고 소비주의에 맹목적으로 따라가지 말고, 서구의 지나친 성장주의와 소비주의에 맹목적으로 따라가지 말아야 하고, 기독교의 전통적인 소박하고 단순한 삶을 회복해야 한다. 그래서 하나님의 첫 계명을 새롭게 깨달아 자기만을 생각하는 이기주의를 버리고 이웃을 위해 그리고 자연과 더불어 살아가는 삶의 모습을 확립해야 한다.

로마서는 '피조물이 탄식하며 하나님의 자녀들이 나타나기를 간절히 기다리고 있다'고 했다. 피조물들도 '사멸의 종살이에서 해방되어 하나님의 자녀들이 누릴 영광된 자유를 얻기를 바라고 있다'(롬 8:18)는 말씀이다. 이제 우리가 탐욕에서 해방되어 자연과 이웃을 위해 절제하며 나누는 하나님의 자녀들이 되어야 할 것이다.

1 기독교 신앙에 기초하여 참된 행복은 무엇이라고
  생각하십니까?

2 창세기 2장 15절 '그것을 경작하며 지키게 하시고'는
  1장 28절에 나오는 '정복하고 다스리라'는 명령과
  어떻게 다른가요?
  '정복하고 다스리라'의 참뜻을 설명해 보세요.

3 동양과 서양의 자연관의 유사점과 차이점은 무엇인가요?
  오늘날 동양적 자연관이 요청되는 이유는 무엇일까요?

4 로마서 8장 18절에서 이야기하는 '피조물의 탄식'을
  우리 주변의 환경문제와 연관해서 이야기 해봅시다.

5 우리 주변의 고통받는 이웃들에 대한 이야기를 해 봅시다.
  (이웃 뿐만 아니라 주변의 모든 생명에 대해)

나와 우리 교회는 얼마나 절제하며
누구와 나누며 살고 있나요?
부족하다면 어떤 노력을
더 기울일 수 있을까요?

생 활
실 천

절제와 나눔을 위하여

절제하는 생활

세계인구는 대략 70억이며 매년 1.3%씩 증가하고 있다. UN은 2050년에 90억이 될 것으로 예측한다. 정확한 수치를 예측하기란 어렵지만 인구가 더 늘어날 것이란 점은 분명하다. 늘어난 인구만큼 필요로 하는 자연자원의 양은 늘어갈 것이다. 그런데 자연자원의 필요를 강력하게 요구하는 이들은 가난한 국가가 아닌 부유한 국가들의 사람들이다. 경제적 발전과 소비 증가는 자본주의 체제를 유지하기 위한 기본적인 요소이기 때문이다. 인구의 10%도 안되는 사람들이 자연자원의 90% 이상을 소비하고 있다는 사실을 고려할 때 부유한 이들은 가난한 이들을 위해 무엇인가를 실천해야만 한다. 그것은 타인을 위해 나의 욕망을 줄이는 것 외에는 방법이 없다. 세계정교회 총 대주교 '바르톨로메오스Patrik I. Bartholomeos'는 이렇게 말했다.

"우리는 생산성 증대와 소비재화의 공급이라는 두 가지 필요성의 폭압적 순환의 덫에 걸렸다. 하지만 이 두 가지 필요를 대등한 관계에 놓은 것은 생산능력을 조금씩 감소시켜가면서도 끝없는 완벽과 성장을 포기해서는 안 된다는 집요한 요구를 사회에 부과한다. 현재 실제적이거나 상상의 소비욕구는 끊임없이 증가하거나 급속하게 확장되고 있다. 이런 경제는 그 자체의 논리, 사람의 필요나 관심과는 무관한 악순환의 논리를 따라가고 있다. 그러므로 현재 필요한 것은 정치와 경제의 근본적인 변화다. 그 변화는 인간 인격의 유일하고도 근본적인 가치를 강조하고, 고용과 생산성의 개념이 인간의 얼굴을 갖게 하는 것이어야 한다." ('신비와의 만남' 중에서)

신앙으로 읽는 생태교과서

소비를 부추기는 것은 어쩌면 값싼 물품이 시장에 넘쳐나기 때문이다. 동일한 물품이 싼 가격에 팔리려면 제조 과정 가운데 얼마나 많은 사람들의 희생이 있었는지 생각해 보아야 한다. 우리가 소비하는 물건 뒷면에 사람의 노동이 있다는 사실을 우리는 기억해야 한다. 이는 제조품에만 해당되는 말이 아니다. 싼 가격의 물품이 시장에 나오면 또 새 것에 대한 욕구가 우리를 자극한다. 그러고 헌 것은 곧장 쓰레기로 전락한다. 쓰레기의 속도에 비해 자연 부식의 속도는 현저하게 느리다. 쓰레기가 많아진다는 말은 우리가 생활하는 환경이 쓰레기로 뒤덮인다는 말이다. 우리는 쉽게 쓰고 쉽게 버리는 소비 행태를 멈추고 나눠쓰는 삶의 방식을 가져야 한다. 그 이유를 고린도에 보낸 바울의 편지를 통해 생각해 볼 수 있다.

"이는 다른 사람들은 평안하게 하고 너희는 곤고하게 하려는 것이 아니요 균등하게 하려 함이니 이제 너희의 넉넉한 것으로 그들의 부족한 것을 보충함은 후에 그들의 넉넉한 것으로 너희의 부족한 것을 보충하여 균등하게 하려 함이라." (고후 8:13-14)

그럼으로 기독교 신앙공동체는 창조세계를 위해 평소 쓰던 물건이 다른 이들에게 필요하지는 않은지 둘러보고 공유하거나 나눠 쓰는 문화와 생활습관을 만들어 가야 한다.

"너희가 더욱 힘써 너의 믿음에 덕을, 덕에 지식을, 지식에 절제를, 절제에 인내를, 인내에 경건을, 경건에 형제 우애를, 형제 우애에 사랑을 더하라"(벧후 1:5–7)

요즘 사람들은 생태위기를 쉽게 피부로 느낀다. 그러나 현대 기술문명은 이러한 위기를 위험으로 느낄 시간을 허용하지 않는다. 생태위기에 자극받은 두려움과 공포도 잠시일 뿐, 현대인들은 다시 현대적 편의생활에 빠져들게 된다. 마치 고속도로를 달리다 자동차 사고를 목격하면 속도를 줄이지만, 그것도 잠시일 뿐 얼마 후 다시 속도를 내는 것과 마찬가지다. 이는 현대인들이 물질의 노예가 되어 기계에 의존하지 않고는 살 수 없을 정도로 약해져 있음을 잘 드러낸다. 에어컨에 익숙해진 도시인들이 무더위를 이기지 못하는 것은 그 예다.

신앙적 경건함

현대인들은 풍요와 편리함에 사로잡혀 과학과 물질에 더욱 의존하다가는 생명까지 잃게 되지 않을까 우려된다. 또한 물질의 풍요에 만족하는 사람들에게는 하나님이 설 곳이 없고 그 사회는 도덕적으로 타락하고 교회는 영적으로 쇠약하기 마련이다.

'온 천하를 얻고도 네 생명을 잃으면 무슨 소용이겠느냐'(마 16:26)라고 하신 예수님의 말씀을 깊이 묵상할 필요가 있다. 우리는 지금도 온 천하를 자기 손안에 넣기 위해 끊임없이 달려가고 있다. 그러나 곰곰이 생각해보면, 온 천하를 얻는다는 것은 결국 편리하고 안락한 생활과 자기만족에 빠져 하나님을 잊어버리고 생명을 잃게 되는 것을 말한다. 그러므로 생활 깊숙이 뿌리박힌 물질 만능의 세상에서 자신의 생명을 지키고 꿋꿋하게 살아가기 위해서는 절제하는 신앙생활을 해야 한다.

절제는 자신의 본분과 사명을 깨달은 인간의 삶의 태도이다. 특히 환경보전으로써의 절제는 하나님 앞에서 경건하게 청지기의 사명을 감당하는 자가 갖추어야 할 마땅한 자세이다. 절제 없이 피조세계를 돌보는 것은 결코 불가능하며, 피조세계에 대한 사명을 하나님으로부터 받은

현대인들은 너무나 바쁘게 산다. 아니 바쁘게 살아야 될 것 같아서 쉼 없는 삶을 사는지도 모른다.

자들은 누구나 절제하게 되고 절제해야 한다.

느리게 사는 삶

현대인들은 너무나 바쁘게 산다. 아니 바쁘게 살아야 될 것 같아서 쉴 없는 삶을 사는지도 모른다. 일하지 않으면 불안해서 일을 계속해서 찾아다닌다. 혼자 있는 것이 불안해서 사람들을 계속해서 찾아다닌다. 남들이 하는 것은 나도 해야 하기에 부지런히 따라 다닌다.

시간에 쫓기는 삶은 결국 즉석식품과 일회용 생활용품들을 동반하게 되고 그 대가로 자연은 값비싼 희생을 치르게 된다. 사실 창조세계는 사람들의 분주함으로 인해 회복될 틈도 없이 파괴되어 지금도 고통 속에서 신음하고 있다. 인간이 쉬지 않으면 자연도 쉴 수가 없다. 안식일과 안식년 그리고 희년을 통해 인간과 모든 생명에게 자유와 복을 주신 하나님을 기억하고 모든 일에 여유를 찾도록 하자.

절제와 나눔

"가난한 자를 불쌍히 여기는 것은 여호와께 꾸어 드리는 것이니 그의 선행을 그에게 갚아 주시리라" (잠 19:17)

우리 가운데 가장 철저하게 절제하는 사람은 누구인가? 그는 가난한 사람이다. 인간의 의지력으로 절제를 하는 데는 한계가 있다. 가난한 자는 과소비 하거나 사치하지 않으며, 그들에게는 남겨서 버릴 음식이 없다. 그런 면에서 '자발적 가난'을 통한 소박한 삶은 매우 큰 미덕이다.

현대사회의 시류에 휩쓸리지 않고 복음에 충실한 종이 되려면, 비천한 인간의 몸으로 오신 예수를 기억하며 우리 자신을 가난한 자와 동일시하는 훈련을 해야 할 것이다. 그러면 자연스레 절제의 삶을 살아낼 수 있을 것이다.

'가난한 자는 복이 있나니 하나님의 나라가 저희 것임이요' 누가복음 6장 20절의 말씀은 하나님이 가난한 자를 사랑하시고 복 주신다고 단언하고 있다. 또 마가복음 5장 3절에서는 마음까지도 가난한 자는 복이 있다고 말씀하고 있다. 풍요 가운데 있으면서도 만족할 줄 모르고 더 큰 풍요를 좇고 있는 현대인들에게 가치관의 전환을 촉구하는 말씀이라 할 것이다.

정기적으로 가난한 자와 함께 하자. 가난한 자와 물질을 나누되, 구체적인 교제를 바탕으로 해야 할 것이다. 가난한 자들 앞에서 교만해지는 것은 물론 측은히 여기는 것도 올바른 일이 아니기 때문이다. 그들과 교제를 하면 오히려 '가난의 영성'을 배울 수 있을 것이다.

강제적 금욕, 정치

생태위기에 대한 관심은 직접적으로 사회 문제에 대한

창조세계를 위한 경건한 생활이 단지 개인의 결단이나 관념에 머무를 것이 아니라 강제적 금욕을 실천할 수 있는 사회의 약속이 세워지고 실천되어야 생태 문제가 개선될 수 있다.

관심과 연결된다. 우리 한 개인의 노력으로 생태문제가 개선되지 않는다. 나와 너, 우리가 함께 할 때 이루어지는 사회전체의 문제다. 뿐만 아니라 나라는 인간 역시 연약하기 때문이다. 생각이 있다고 해서 삶의 자세가 바뀌지 않는다. 그래서 우리는 약속을 정하고 그에 따르므로 생활환경을 바꿔가는 지혜가 필요하다.

출애굽 한 이스라엘 백성 가운데 하나님은 율법을 세우신다. 그들이 하나님 나라의 백성으로 살아가기 위한 출발선에 서기는 했지만 하나님 나라의 삶을 살아가지는 못했음을 출애굽기 기사를 통해 우리는 확인할 수 있다. 그래서 하나님은 모세를 통해 그들 가운데 율법을 두셨다.

율법은 사람을 구속하거나 권력자의 통치를 손쉽게 하기 위한 도구가 아니라 사람을 위함이다.^(마 12:8; 12)

창조세계를 위한 경건한 생활이 단지 개인의 결단이나 관념에 머무를 것이 아니라 강제적 금욕을 실천할 수 있는 사회의 약속이 세워지고 실천되어야 생태문제가 개선될 수 있다. 그러므로 환경을 위한 법적인 장치와 법안이 만들어지도록 청원과 시민운동을 진행할 필요가 있다.

나의 경건한 삶 지수는?

아래의 내용을 실천하고 있다면 Y, 그렇지 못하면 N으로 표시하고 나의 삶의 모습을 함께 나눈다.

- 최대한 재활용 할 수 있도록 분리수거를 한다. ( )
- 세면, 설거지 하는 동안 물은 받아서 사용한다. ( )
- 대형 쇼핑몰이나 홈쇼핑을 자주 이용한다. ( )
- 가급적이면 명품을 구입한다. ( )
- 손님을 대접할 경우 일회용품을 주로 사용한다. ( )
- 대중교통을 이용하려고 노력한다. ( )
- 화장실 청소를 위해 화학약품을 많이 사용한다. ( )
- 음식물 쓰레기를 줄이기 위해 노력한다. ( )
- 육식을 절제해야 하는 이유를 알고 있다. ( )
- 제철음식과 로컬푸드를 위해 재래시장을 이용한다. ( )
- 공정무역에 대한 인식을 가지고 있다. ( )
- 초록가게나 아나바다 장터를 이용한다. ( )
- 형편이 어려운 이웃을 위해 나의 물질을 나눈다. ( )
- 고통받는 이웃들을 위해 나의 시간을 나눈다. ( )

03 인간과 환경

환경 파괴 위에 세워진 복지는

진정한 복지가 아니고

기껏해야 단기적으로 비극을

완화하는 것일 뿐이다.

자연을 향한 공격을 멈추지 않는다면

평화는 이루어질 수 없고

가난만 늘어난다.

– 코피 아난 전 유엔 사무총장

피조물의 신음소리

말

씀

골로새서 1:15~20

¹⁵ 그는 보이지 아니하는 하나님의 형상이시요 모든 피조물보다 먼저 나신 이시니 ¹⁶ 만물이 그에게서 창조되되 하늘과 땅에서 보이는 것들과 보이지 않는 것들과 혹은 왕권들이나 주권들이나 통치자들이나 권세들이나 만물이 다 그로 말미암고 그를 위하여 창조되었고 ¹⁷ 또한 그가 만물보다 먼저 계시고 만물이 그 안에 함께 섰느니라 ¹⁸ 그는 몸인 교회의 머리시라 그가 근본이시요 죽은 자들 가운데서 먼저 나신 이시니 이는 친히 만물의 으뜸이 되려 하심이요 ¹⁹ 아버지께서는 모든 충만으로 예수 안에 거하게

하시고 ²⁰ 그의 십자가의 피로 화평을 이루사 만물 곧 땅에 있는 것들이나 하늘에 있는 것들이 그로 말미암아 자기와 화목하게 되기를 기뻐하심이라.(개역개정)

¹⁵ 그 아들은 보이지 않는 하나님의 형상이시요, 모든 피조물보다 먼저 나신 분이십니다. ¹⁶ 만물이 그분 안에서 창조되었습니다. 하늘에 있는 것들과 땅에 있는 것들, 보이는 것들과 보이지 않는 것들, 왕권이나 주권이나 권력이나 권세나 할 것 없이, 모든 것이 그분으로 말미암아 창조되었고, 그분을 위하여 창조되었습니다. ¹⁷ 그분은 만물보다 먼저 계시고, 만물은 그분 안에서 존속합니다. ¹⁸ 그분은 교회라는 몸의 머리이십니다. 그는 근원이시며, 죽은 사람들 가운데서 제일 먼저 살아나신 분이십니다. 이는 그분이 만물 가운데서 으뜸이 되시기 위함입니다. ¹⁹ 하나님께서는 그분의 안에 모든 충만함을 머무르게 하시기를 기뻐하시고, ²⁰ 그분의 십자가의 피로 평화를 이루셔서, 그분으로 말미암아 만물을, 곧 땅에 있는 것들이나 하늘에 있는 것들이나 다, 자기와 기꺼이 화해시켰습니다.(새번역)

묵
상

1 만물이 창조된 이후에 그분과 지속적으로 관계하는 방식이 어떠한지 묵상해 봅시다.

2 그는 만물보다 먼저 계시고 만물은 그분 안에서 함께 계신다는 골로새서 1장 17절의 말씀을 묵상해 봅시다.

3 만물을 창조하신 하나님께서 기뻐하시는 일이 무엇인지 성서는 어떻게 증언하고 있는지 살펴봅시다.

4 그분을 통해 화평을 이루고 만물이 그로 말미암아 화목하게 되는 것은 무엇일까요? 묵상해 봅시다.

5 예수그리스도를 통해 만물이 화해되었다는 것은 어떤 것을 의미할까요? 20절을 묵상해 봅시다.

인간과 생태 환경

우리는 환경을 떠나서 잠시도 살 수 없다. 우리 인간이 살기 위해 숨 쉬고 먹고 마시고 일하는 모든 활동들은 환경 속에서 이루어진다. 환경은 우리의 삶이 이루어질 수 있도록 하는 삶의 원천이다. 환경은 이 땅 위에서 살아가고 있는 모든 사람들이 함께 사용하는 공동 재산일 뿐만 아니라, 우리의 선조들이 수백만 년의 역사를 발전시켜 올 수 있었던 삶의 바탕이며, 앞으로 우리의 후손들이 계속해서 살아갈 삶의 보고寶庫이다.

환경이란?

환경은 '인간을 둘러싸고 있는 모든 것을 말한다. 환경의 한자표현은 둘레를 뜻하는 '환環'과 경계를 뜻하는 '

인간은 하늘과 땅, 산과 바다, 그리고 그 속에 사는 모든 동식물과 어우러져 자연이라는 거대한 보금자리 속에서 살아가고 있다.

경墳'으로 이뤄진다. 뿐만 아니라 환경을 뜻하는 영어 표현인 "environment"도 주위를 둘러싸고 있다는 뜻을 지닌다. 환경이란 자연적인 것과 인공적인 것에 이르기까지 그 구성 요소가 다양하다. 자연은 인간 활동의 무대가 될 뿐 아니라 인간 활동에 직접 또는 간접적으로 영향을 주고 있다.

인간은 하늘과 땅, 산과 바다, 그리고 그 속에 사는 모든 동식물과 어우러져 자연이라는 거대한 보금자리 속에서 살아가고 있다. 자연 환경 뿐만 아니라 물리적, 사회적 환경까지 환경으로 볼 수 있다. 물리적 환경에는 산과 바다, 건물과 도로 등이 있고, 사회적 환경에는 정치와 제도, 인구와 교육 등의 인공적 환경이 있다. 그리고 풍습과 종교, 도덕과 의식 등의 심리적 환경도 있다.

자연을 이용하는 주체가 인간이라고 볼 때, 이용당하는 자연은 자연히 객체가 되고, 이러한 입장에서 환경에 대한 개념이 성립되었다. 인간을 둘러싸고 있는 유형, 무형의 객체들이 환경이 되고, 인간은 그 환경으로부터 삶에 필요한 공기, 물, 햇빛과 함께 생활에 필요한 물자를 얻으며 물자를 얻는 방식을 조직한다.

인간의 역사는 자연을 이용하여 인류의 이상을 실현시키는 활동이다. 원시시대와 고대 및 중세시대를 지나 역사의 발전과 함께 인간의 문화 활동이 고도로 발달하면서 인간의 자연 이용 능력이 커지게 되었다. 또한 인간이 환경에 미치는 영향도 점차 확장 되었다. 현대 사회는 고도 산업이 발달하고 자동차를 비롯한 여러 가지 문명의 이기가 나타나면서 자원을 이용하고 환경을 파괴하는 정도가 한층 심화되었다.

오늘날 인간의 역사 발전 과정은 자연의 훼손과 오염으로 인해 인간과 환경의 조화와 균형이 깨지는 상태에 이르게 되었다. 조화와 균형의 파괴는 산업 혁명 이후 급속도로 진행되어 이제는 생물 전체의 멸종위기에 직면하게 되었다. 자연은 인간에 의해 회복 불능한 상태로 오염되고 있기 때문이다. 이렇게 환경은 더 이상 인간을 둘러싼 요소가 아니라 균형과 순환을 이뤄야 하는 필수적인 요소이다. 따라서 환경이라는 뜻 안에는 인간도 포함되어 있다는 인식이 필요하게 되었다.

원시 시대의 인간은 오랜 동안 수렵과 채취에 의한 생활을 하다가 식물의 씨를 뿌려서 식용으로 가꾸는 방법을 알게 되면서 농경 사회가 시작되었다. 이때까지만 해도 환경에는 아무런 문제가 발생하지 않았다. 그러나 산업혁명 이후 공업이 발달하고 인구가 증가함에 따라 예전에 없던 여러 가지 환경 문제가 발생하게 되었다. 오늘날 지구상의 환경오염과 환경의 파괴는 인간이 더 이상 견딜 수 없을 정도로 심각하며 인간의 존속 자체를 위협하고 있다.

최근 생태 위기의 징후가 나타면서 인간과 자연의 관계에 대한 관심이 확대되고 있다. 일부 사람들은 생태위기를 인간 개개인의 문제로 본다. 그래서 개인들이 자연과 더 조화롭게 살아야 한다고 주장한다. 자원을 재활용하고 재사용하여 개인의 삶을 조절하는 방식으로 지구 파괴를 막아야 한다고 한다. 그러나 우리가 개인으로서 환경에 끼치는 영향을 고려하여 실천방법을 모색할 필요도 있지만 그보다는 더 거시적으로 산업의 발달과 정부 정책으로 생태위기의 해결방법을 모색할 필요가 있다.

이제는 인간 사회 전체가 인간의 기반인 자연세계와 맺는 관계를 사회구조적 차원에서 고찰해 봐야 할 필요가 있는 것이다.

환경에서 생태로

인간이 자신을 둘러싼 환경을 어떻게 이해하고 해석하고 행동하느냐 하는 것을 환경관이라고 한다. 인간은 환경관에 따라 생활이 달라진다. 오늘날 인간이 환경을 보는 관점은 종속이 아닌 동반자의 관계, 상충이 아닌 협력의 관계로 변하고 있다. 인간이 야기한 환경문제의 해결은 기술의 발달로 해결할 수 없으며 환경에 대한 새로운 이해와 체계가 필요하다. 이러한 이해는 인간 또한 환경의 일부라는 인식이 확대된 것이다. 이렇게 확대된 인식을 담는 개념이 '생태^{eco}', '생태학^{ecology}', '생태계^{ecosystem}'라는 말이다.

'환경'은 말 그대로 주변을 뜻하며 중심이 필요하다. 여기서 주변이란 '자연'을 말하고 중심에는 '인간'이 자리 잡고 있다. 따라서 우리가 말하는 환경보호란 결국 인간의 이익을 위해 자연을 보호해야 한다는 결론에 도달하게 된다. 하지만 '생태'란 단어 속에는 '환경'과는 전혀 다른 속뜻을 내포하고 있다.

생태계는 일정한 공간에 존재하는 생물들과 비생물적 환경이 서로 밀접한 관계를 맺으면서 조화를 이루는 하나의 단위이며 물질 순환과 에너지 흐름이 일어나는 일종의 체계^{system}라고 한다. 생태계는 생물과 여러 가지 환경 요인이 어우러져 이루어진 유기적인 조직체계이며 하나의 정상적인 기능을 수행하는 시스템이다. 녹색 식물, 광합성 세균, 크고 작은 여러 가지 동물, 미생물과 균류 등 생물 요소와 공기, 물, 토양, 빛, 온도 등 비생물적 요소 등이 모두 포함되어 상호 영향을 미치며 균형을 이룬다. 인간도 또한 생태계의 한 구성원에 불과하다. 생태계가 유지되지 못하고 생태계의 평형이 파괴되면 다른 생물이 살지 못할 뿐만 아니라 사람도 살 수 없게 되기 때문이다. 따라서 인간은 자신이 포함되어 있는 생태계의 평형상태를 파괴하지 않기 위해 활동을 해야 하는 것이다.

'생태학ecology'이라는 개념은 1866년 독일의 생물학자인 헤켈Ernst Heinrich Haeckel이 처음 사용한 용어로 '유기체나 유기체의 무리가 자신을 둘러싼 환경과 맺는 관계에 관한 학문'이라고 정의한다. 이 생태학의 개념에선 중심이란 존재 할 수 없다. 세상의 모든 종들이 각자 동등한 위치에서 존재하고 상호관련을 맺게 된다.

생태계에서 인간의 위치는 이전보다 좀 더 겸허한 자세를 요구한다. 인간중심주의 사상에서 벗어나 돌봄의 청지기의 역할을 요구하는 것이다. 생태담론은 자연이 더 이상 인간의 이익을 위해 존재하는 것이 아니라 자연 자체에 고유한 가치를 가지고 있다고 본다. 인간은 자연을 훼손할 자격이 없게 된다. 자연 안에 모든 피조물은 하나님의 동등한 섭리가 담겨있다.

여러 가지 생태담론들

전통적 환경주의자들은 사회의 틀을 그대로 유지하면서 생태위기 문제를 해결할 수 있다고 여겼지만, 생태위기 문제는 사회적, 경제적, 정치적 질서들의 문제가 겹치며 만들어 낸 표면적 증상이다. 따라서 생태위기 문제를 해결하기 위해서는 사회 전체에 있어 보다 근본적인 변화가 필요하다. 여러 가지 생태담론을 살펴보고 생태위기의 근원적 문제를 해결할 수 있는 세계관적 기초를 형성해야 한다.

1. 생태 낭만주의 Ecological romanticism

생태 낭만주의는 18세기 낭만주의 사조가 활기를 띠면서 생태위기 극복의 대안으로 나타난 사상이다. 생태 낭만주의는 사회제도의 개선이나 변혁에 신경 쓰기보다는 자연에 대한 인간의 감성을 제고시키고, 이를 통해 개인의 가치관 변화와 그에 따른 실천적 행보의 변화를 이끌어 내는 것이 생태 문제의 근원적 해결에 도움이 된다고 여겼다. 가치관의 혁신과 유포가 지속된다면 문화 패러다임의 교체가 형성되면서 생태위기가 극복될 수 있다는 것이다. 생태 낭만주의의 전형으로는 두 가지가 있는데, 심층 생태주의와 문화적 생태 여성주의가 이에 해당된다.

2. 심층 생태주의 Deep ecology

심층 생태주의는 생태위기의 원인으로 인간 중심의 자연 지배적 세계관을 지적한다. 이들은 서양 전통의 세계관에 내재된 인간 우월주의와 이원론적 분리주의에 반대하며 두 가지 규범을 내세웠다. 첫 번째는 생명적 관점에서 인간이나 자연적 존재가 평등하다는 생명 중심적 평등 biocentric equality이고, 두 번째는 나를 나 이외의 타인과 동식물종, 지구로 넓혀서 모두를 하나로 인식하는 경지의 자기실현self realization이다.

3. 문화적 생태 여성주의 Cultural ecofeminism

문화적 생태 여성주의는 남성 중심주의 사회에서 폄하된 여성적 가치 즉, 감성이나 영성을 통해 여성주의의 문제와 생태문제를 함께 풀어 나가려 했다. 이 입장을 따르면, 생명체를 낳고 부양하는 자연은 어머니로 파악될 수 있어 여성과 동일시된다. 따라서 자연에서 생태 영성 ecological spirituality을 분별하여 지구 자연을 구하는 데 여성이 더 적합하다는 것이다.

4. 생태 합리주의Ecological rationalism

생태 합리주의는 낭만주의와 달리 계몽주의의 가치를 선택적으로 수용한다. 인간이 사회적 존재이므로 사회제도를 바르게 구축해야 하고, 그것은 인간의 이성에 의해 조성될 수 있다. 특히 도구적 이성을 넘어, 관계적 이성을 통해 동료 사회 구성원과 자연에 대해 호혜적으로 다가가는 것이 가능하기 때문에, 새로운 생태 사회를 조성하는 것으로 생태문제를 원천적으로 해결할 수 있다고 주장한다. 생태 합리주의의 전형으로는 사회 생태주의 사상, 사회적 생태 여성주의 사상 등이 있다.

5. 사회 생태주의Social ecology

사회 생태주의 사상은 생태위기의 뿌리를 인간과 자연의 대립적 지배관계가 아니라 인간 사회 내의 사회적 서열화 요인에서 찾는다. 서열화 의식이 사회제도로 뿌리를 내리고, 이것이 확산되면서 계급차별이 일어나고, 이것이 자연의 영역으로도 확대되어 자연차별을 초래한다는 것이다. 결국 서열화로 인한 차별의식이 생태위기를 초래한다. 사회 생태주의는 서열화에 도전하여 그것을 원천적으로 청산함으로써 생태문제를 해결할 수 있다고 여기는데, 이는 아나키즘의 지평에서 생태적 인식을 적극 반영하는 사조라고 할 수 있다. 이러한 사상은 생태 무정부주의eco anarchism로 불리기도 한다.

6. 사회적 생태 여성주의 Social ecofeminism

사회적 생태 여성주의는 문화적 생태 여성주의에서 주장한 여성적 가치의 우월론으로는 생태위기의 본원적인 해결책이 될 수 없다고 본다. 여성이든 남성이든 인간은 사회적 존재이면서도 자연적 존재이므로 양자의 균형 속에서 문제를 풀어야 한다는 것이다. 문화적 생태 여성주의가 자연과의 영성적 결속을 중시하는 데 비해, 사회적 생태 여성주의는 생태위기와 연루된 사회적이고 정치적인 사안에 관심을 표출하고 이를 변화시키는 데 주력한다.

7. 그 밖의 생태담론들

앞서 분류한 생태담론 이외에 다음과 같은 것들이 있다.

생태 사회주의 Eco socialism는 생태적 위기가 본질적으로 자본주의의 결과라고 보는 사상이다. 자본주의의 발전을 수반한 경제성장과 산업화가 지구의 건강에 책임성을 망각한 낭비, 과소비 및 환경오염을 가져왔다고 보는 것이다.

생태 러디즘 Eco luddism은 과학기술에 대한 비판적 관점이다. 고삐 풀린 과학기술적 진보는 인류에게 무한한 편의를 주는 것이 아니라, 해결할 수 있는 것보다 더 많은 문제를 만들어 낸다는 것이다. 19세기 초 러다이트 운동 Luddite Movement에서 이름을 따온 것으로 보인다.

반성장주의 Anti growth는 성장 그 자체가 주된 문제가 된다고 보는 관점이다. 다시 말해, 생태 위기는 성장의 결과에 대처할 수 있는 지구의 능력을 벗어난 성장으로 일어난 것이라고 보는 관점이다.

반동적 생태주의Reactionary Ecologism는 생태위기의 현실을 인식하고 생태학의 원리를 수용하지만, 거대 사회와 공업력을 기반한 경제 체계를 긍정한다. 대표적인 논리로 신맬서스주의Neo Malthusianism를 들 수 있으며, 에코파시즘Ecofascism의 대표적인 논리로 비판받기도 한다.

1 환경과 생태의 비슷한 점과 차이점을 설명해 보세요.

2 생태계는 무엇이며 그 구성 요소는 어떤 것들이
   있을까요?

3 생태계 내에서 에너지의 흐름을 간단히 설명해 보세요.

4 생태계에서 인간은 어떤 위치에 있는지 생각해 봅시다.

5 생태계를 파괴하지 않기 위해 인간은 어떤 태도와
   마음을 취해야 하고 어떤 행동을 해야 할까요?

나와 우리 교회가 속한 환경이
어떻게 구성되어 있는지 알아봅시다.
내가 사는 지역에 어떤 환경문제가
있는지 살펴봅시다.
그리고 이런 문제를 해결하기 위해
노력하는 사람들과 어떤 환경단체가
있는지 알아보고 참여해 봅시다.

생 활
실 천

생태적 삶을 위하여

생태적 삶으로의 전환을 위하여

빈부격차와 환경파괴로 대표되는 생태위기는 우리가 일상생활 속에서 개인적, 사회적, 그리고 지구적으로 경험하는 가장 어려운 현실이다. 세계화와 기술혁신으로 인한 자동화로 특징되는 현대의 생명공학기술은 이런 지구적 재난에 대처할 수 있는 희망적 대안인가? 아니면 인류와 자연의 공동파멸을 가속화시키는 문명적 재앙인가? 지구적 가난과 자연 파괴에 대한 대중적 의식과 지구공동체를 살리려는 관심은 증대하지만 사회적 부정의와 생태계 파괴는 계속 증가하고 있다.

사회적 부정의와 생태위기의 문화적, 사회적 근본 뿌리들을 성찰해 보고 인간 상호간, 자연과 인간, 하느님과 인간, 그리고 제1세계와 제3세계 사이의 불행한 지배관계를 생명과 정의 그리고 사랑의 생태학적 상호관계로 치유하기 위해 우리는 무엇을 해야 하는가?

그동안 당연시 여기거나 아무것도 할 수 없다는 무력감에 빠지게 하는 이런 파괴적 죽임의 관계에서 벗어나 생명과 조화의 관계로 회복하고 전환시키는 생태학적 영성, 문화 및 윤리를 재구성함으로써, 온전한 인간성의 회복뿐만 아니라 지구생명공동체의 비전과 실천을 제시해 보자.

생태 감수성 회복하기

방주를 짓고 동물들을 불러들인 노아가 그 동물들과 어떻게 소통할 수 있었을까? 노아의 생태적 감수성을 우리도 가지고 있을까? 어떻게 기도하면 그런 감수성을 회복할 수 있을까? 어떻게 하면 내 영혼이 생명에 대하여 예민해질 수 있을까?

한 수행자는 '난개발로 인해 훼손되는 자연의 탄식소리가 가슴 저 밑에서부터 들려왔다'고 고백한다. 이 수행자의 생명에 대한 그 감수성을 우리도 회복할 수 있을까?

"천성산이 곧 나죠, 내가 천성산이더라고요. 천성산 한가운데로 굴이 뚫린다는데 어떻게 가만있을 수 있죠? 나는 환경활동가가 아닙니다. 다만 생명을 소중히 여기는 한 수행자일 뿐입니다." (천성산 지킴이 인터뷰 중에서)

어떻게 하면 피조물의 탄식소리를 들을 수 있는 생태적 감수성을 회복할 수 있을까? 어떻게 하면 내 영혼이 생명에 대하여 예민해질 수 있을까?

하나님의 치유하는 광선이 나를 꿰뚫고 지나가도록 나를 하나님께 완전히 내어 맡기는 길 뿐이다. 그래서 하나님이 나를 통해 사시고, 나는 하나님의 옷이 될 때 비로소 모든 사물을 존재의 실현으로 볼 수 있는 눈이 열릴 것이다.

교회의 환경운동은 존재의 심연이신 하나님과의 깊은 만남과 사귐에서 시작된다. 그렇기 때문에 기독교 생태운동은 영성운동이다. 영성이란 모든 존재 속에서 하나님의 숨결을 발견하고 하나님과의 사귐을 통해 하나님이 나를 통해 사시게 하는 것이다. 그렇게 할 때 우리는 하나님의 눈으로 세상을 들여다보게 된다. 만물이 인연의 끈으로 촘촘히 연결되어 있음을 보게 되고, 저것이 없이는 이것이 없고, 이것이 없이는 나도 없음을 알게 될 때 우리는 생태적 감수성을 회복하고 생명의 신비와 일치를 찬미하게 된다. 산을 볼 때는 산을 지으신 하나님의 사랑에 놀라고, 들꽃을 보면서도 감동에 젖고, 아침 안개를 맞으면 가슴이 뛴다. 밤하늘의 별을 보면 노래가 나오고 흐르는 푸른 강물을 보면 마음이 설렌다. 지는 해를 보며 노동의 성스러움을 느낀다.

생태적 감수성이란 사람을 대하든 사물을 대하든 지극 정성으로 대하는 마음이다. 존재를 맑은 눈으로 바로 보는 것이다. 그 존재의 심연을 보는 것이다.

생태적 삶을 회복하기 위한 실천

자연친화적인 정서는 이 지구와 삶의 생태계를 보전하려는 의욕과 의지를 기르고, 생태문제에 대한 지식과 이해를 증진시키는 것이다. 구체적으로 내 몸을 훈련하고 다른 사람과의 연대와 참여를 통해 이런 일들을 실천하는 것, 그리고 정부정책에 대한 관심과 촉구 등 다차원적이며 전인적인 요소들이 연관되어 있다. 생태위기의 심각성을 신앙적, 신학적으로 고민하고 이러한 문제들을 실제적으로 극복하기 위해 생태적 영성의 회복과 일상적 삶의 변화를 추구하는 것이다.

생활의 금욕, 피정과 텃밭 가꾸기

인구의 대부분이 도시에서 생활하고 있다. 도시는 현물거래가 아닌 신용거래로 물품이 오고 간다. 다시 말해서 내가 생산한 물건을 타인이 생산한 물건과 교환하는 물물교환 방식이 아니라 타인의 생산물을 돈이란 신용자본으로 구매한다. 그래서 도시의 소비는 비인간적이며 비생태적이다. 인간의 얼굴이 없다. 물건의 가치는 오직 돈의 크기로 환산된다. 그래서 소비도 쉽고 폐기도 쉽다.

돈만 있으면 시장에 물품이 있기 때문이다.

주변 환경이 개발이란 명목으로 얼마나 많이 망가지는지 모른다. 주택단지를 만들기 위해 수 십 년을 자란 숲이 며칠 만에 사라지고 지형이 바뀌어 버린다. 그리고 집을 지은 후 작은 나무와 꽃과 잔디를 심는다. 다 돈으로 이루어지는 일이다. 자연의 속도를 알지 못한 채 돈으로 자연을 우격다짐하듯 이식한다. 폭력적이고 비생태적이다.

예수께서 제자들을 향해 '까마귀를 보라'(눅 12:24), '들에 핀 백합화를 보라'(마 6:28)고 말씀하셨다. 원문을 살펴보면 보라는 말은 훑어보는 것이 아니라 자세히 관찰해 보라는 뜻이다. 자연을 관찰해 보면 하나님의 손길을 느낄 수 있기 때문에 명령하신 것이다. 하지만 도시에서 자연을 자세히 살펴보기는 힘들 뿐 아니라 바쁜 일상의 반복으로 자연을 볼 여유가 없다.

그래서 우리는 도시적 삶을 중지시키고 자연으로 돌아갈 필요가 있다. 자연을 느끼고 볼 수 있는 산책이나 등산도 좋고 농촌에서 한 달 살기나 자연 속에 있는 수도원에서 피정을 해보는 것도 좋겠다. 먹거리를 시장에서 사 먹기보다 작은 화분에 쌈이나 고추를 심어보는 것도 좋겠다. 내 먹거리가 어떻게 자라는지 키워보는 수고를 통해 자연의 속도, 가치, 소중함을 경험할 수 있기 때문이다.

대표적인
환경 단체들

기독교환경운동연대

기독교환경운동연대

www.greenchrist.org

1982년 '한국공해문제연구소'로 출발. 1997년부터는 기독교환경운동연대로 조직을 확대 개편하여 부설기관인 (사)한국교회환경연구소와 함께 기독교 신앙을 바탕으로 '교회를 푸르게 가꾸고 세상을 아름답게 만드는' 운동을 표방함.

기독교환경운동연대 심볼로고

환경운동연합

www.kfem.or.kr

우리나라의 환경 단체로, 공해 및 오염 방지, 탈핵과 에너지 전환 등 환경을 보전하여 지속가능한 사회를 만드는 것이 목표. 전국 각지에 지역 조직이 있음.

녹색연합

www.greenkorea.org

바다와 갯벌 살리기, 생태계 보전 등의 환경 운동을 펼치는 우리나라의 환경 단체.

GREENPEACE

그린피스

www.greenpeace.org

국제 민간 환경 보전 단체로, 자연을 위협하는 정부와 기업의 정책을 바꾸고자 힘씀.

세계자연보호기금

www.wwf.org

세계에서 가장 큰 환경 보호 단체로, 1961년에 희귀 동물을 보호하려고 설립됨.

여러 가지
환경 기념일

세계 습지의 날 World Wetlands Day
(2월 2일)

1971년 2월 2일. 이란 람사르에서 지구적 차원의 습지 보호를 위해 람사르 협약을 맺음. 이를 기념하여 1997년 2월 2일을 세계습지의 날로 지정. 습지는 각종 희귀한 식물과 천연기념물이 서식하는 자연 그대로의 생태박물관. 한국의 순천만은 람사르 협약 보호지로 지정됨.

후쿠시마 원전 사고일
(3월 11일)

2011년 3월 11일 일본 동북부 지방을 관통한 대규모 지진과 쓰나미로 인해 후쿠시마 현에 위치해 있던 원자력발전소의 방사능 누출사고. 현재 진행형.

세계 물의 날 World Water Day
(3월 22일)

1992년 유엔 총회에서 선포됨. 깨끗한 물을 지속적으로 이용할 수 있는 거주 환경 조성을 위해 매 3년마다 세계 물 포럼 개최.

스리마일 핵발전소 사고일
(3월 28일)

1979년 3월 28일 미국 펜실베니아 스리마일 섬(Three-Mile island)의 원자력 발전소에서 가동중인 가압 경수로(95만 5천 Kw급)가 주급수 펌프 계통의 고장으로 인하여 터빈 발전기가 정지되어, 원자로 내의 물을 포함한 대량의 방사능 물질이 밖으로 누출되는 사고 발생. 원자력이 안전하고 깨끗한 새로운 에너지라는 환상에 사로잡힌 미국인들에게 충격적 사건으로 반핵운동 기념일.

종이 안 쓰는 날
(4월 4일)

국내 시민단체 녹색연합이 2002년부터 4월 4일을 종이 안 쓰는 날로 정함. "오랑우탄과 열대 숲을 위해 지금 할 수 있는 일!" 머그 사용. 이면지 쓰기. 종이타월 대신 손수건 쓰기.

식목일 Arbor Day
(4월 5일)

한국의 법정 기념일. 식목일의 유래는 1872년 4월 10일 미국 네브래스카주.

지구의 날 International Mother Earth Day
(4월 22일)

환경 파괴와 자원 낭비의 문제를 되새기고. 지구 사랑을 실천하자는 뜻에서 만들어진 날. 1970년 지구의 날은 미국 역사상 가장 대규모의 시위였으며. 2천만명의 사람들이 참가한 자연보호 캠페인을 기념하여 제정. 1972년 스웨덴 스톡홀름에서는 '하나뿐인 지구'라는 제목으로 회의가 열림.

체르노빌 핵참사일
(4월 26일)

1986년 4월 26일 새벽 1시 23분, 구소련 우크라이나 공화국 키에프에서 120km 떨어져 있는 체르노빌 핵발전소 4호기 원자로가 과열로 인하여 폭발. 8톤 가량의 방사능 물질이 대기중에 방출된 최악의 핵사고. 일본 히로시마 원폭 투하 때보다 천 배가 많은 방사능 물질 방출. 이 사고는 핵발전소의 불안전성을 단적으로 드러낸 사건이며, 반핵운동이 국제적으로 확산되는 계기가 됨.

생물종 다양성 보존의 날
(5월 22일)

1994년 제1차 생물다양성협약 가입국 회의에서 협약 발효일(1993년 12월 29일)을 '세계 생물종다양성의 날로 정한 것이 시초. 이후 2000년 12월 브라질에서 개최된 지구환경정상회의에서 협약 발표일(1992년 5월 22일)로 변경하는 것을 채택. 2001년부터 매년 5월 22일을 '세계 생물종다양성 보존의 날로 정함.

바다의 날
(5월 31일)

바다 관련 산업의 중요성과 의의를 높이고 국민의 해양사상을 고취하며, 관계 종사원들의 노고를 위로할 목적으로 제정한 한국의 법정기념일.

세계 환경의 날 World Environment Day
(6월 5일)

세계 환경의 날은 1972년 스웨덴 스톡홀름에서 열린 '국제연합 인간환경회의'에서 시작. 한국에서는 1996년부터 법정기념일로 지정.

사막화 방지의 날
(6월 17일)

1994년 6월 17일에 프랑스 파리에서 기상이변과 산림황폐 등으로 심각한 한발이나 사막화의 영향을 받고 있는 국가들의 사막화를 방지하여 지구환경을 보호하기 위하여 사막화방지협약을 채택.

히로시마 원폭투하일
(8월 6일)

1945년 8월 6일 아침 8시 15분 일본 히로시마市廣島市 주우시마죠中島田丁에 원자폭탄이 투하되어 약 20만명의 희생자가 발생. 8월 9일에는 나가사키長崎에 원폭이 투하되었다. 당시 나가사키인구 24만명 중 사망 73,884명, 부상 74,909명이었고 반경 4km 이내의 건물이 전소되었다. 전쟁에 쓰인 최초의 원자폭탄으로 핵전쟁의 참상을 현실로 보여준 사건.

에너지의 날
(8월 22일)

에너지의 중요성에 대해 인식시키고 미래를 대비한 에너지 절약과 신재생에너지 개발 및 확대보급의 절실함을 널리 홍보하기 위해 '에너지의 날' 지정. 2003년 8월 22일은 우리나라의 역대 최대 전력소비를 기록한 날로, 에너지의 중요성을 깨닫고 미래 에너지 확보를 위한 여러 방안을 모색하며, 국민들로부터 실질적인 실천을 이끌어내기 위해 2004년부터 에너지의 날을 제정하여 범국민적 행사로 확산시키고자 한 것.

오존층 보호의 날
(9월 16일)

점차 파괴되어 가는 오존층을 보호하기 위해 1994년 제49차 유엔총회에서 몬트리올 의정서 채택일인 1987년 9월 16일을 '세계 오존층보호의 날'로 지정.

세계 차 없는 날 Car-Free Day
(9월 22일)

대기오염 원인 중 하나는 자동차. 9월 22일엔 운전대를 잠시 놓아봅시다. 매년 9월 22일인 세계 차 없는 날은 자가용 운행을 자제하여 청정도시를 구현하는 것이 최종 목표. 1997년 프랑스 라로쉘에서 처음으로 시작되어 확대된 환경 기념일.

세계 채식인의 날 World Vegetarian Day (10월 1일)

생명존중과 환경보호, 기아해결과 건강증진을 목적으로 2005년 국제채식연맹International Vegetarian Union이 제정.

아무것도 사지 않는 날
(11월 29일)

매해 11월 마지막주 금요일. 이 캠페인은 1992년 캐나다에서 테드 데이브Ted Dave라는 광고인에 의해 처음 시작되었으며, 해마다 11월 마지막주 금요일에 열린다. 그는 '자신이 만든 광고가 사람들로 하여금 끊임없이 무엇인가를 소비하게 만든다'는 문제의식을 갖고 이 캠페인을 시작하였다. 상품생산에서 소비에 이르는 과정에서 발생하는 모든 환경오염과 자원고갈, 노동문제, 불공정거래 등 물질문명의 폐단을 고발하고 유행과 쇼핑에 중독된 현대인의 생활습관과 소비행태의 반성을 촉구하는 캠페인.

나의 영혼은 그것이 창조되던
그 날만큼이나 젊습니다.
아니, 훨씬 젊습니다.

실로, 나는 어제보다 오늘 더 젊습니다.
내가 오늘보다 내일 더 젊어지지 못한다면,
나는 나 스스로에게 부끄러울 것입니다.

하나님 안에 둥지를 트는 사람은
영원한 현재에 둥지를 트는 사람입니다.
거기서는, 사람이 결코 늙을 수 없습니다.

거기서는, 모든 것이 현재이고
모든 것이 지금이기 때문입니다.

- 마이스터 에크하르트

생명과 호흡을 주시는 하나님

말

씀

시편 19편 1절 / 사도행전 17장 24절~25절

¹ 하늘이 하나님의 영광을 선포하고 궁창이 그의 손으로 하신 일을 나타내는 도다. 낮은 낮에게 말하고 밤은 밤에게 지식을 전하니 언어도 없고 말씀도 없으며 들리는 소리도 없으나 그의 소리가 온 땅에 통하고 그의 말씀이 세상 끝까지 이르도다 하나님이 해를 위하여 하늘에 장막을 베푸셨도다. (개역개정)

¹하늘은 하나님의 영광을 드러내고, 창공은 그의 솜씨를 알려 준다. 낮은 낮에게 말씀을 전해 주고, 밤은 밤에게 지식을 알려 준다. 그 이야기 그 말소리, 비록 아무 소리가 들리지 않아도 그 소리 온 누리에 울려 퍼지고, 그 말씀 세상 끝까지 번져 간다. (새번역)

²⁴우주와 그 가운데 있는 만물을 지으신 하나님께서는 천지의 주재시니 손으로 지은 전에 계시지 아니하시고 ²⁵또 무엇이 부족한 것처럼 사람의 손으로 섬김을 받으시는 것이 아니니 이는 만민에게 생명과 호흡과 만물을 친히 주시는 이심이라. (개역개정)

²⁴우주와 그 안에 있는 모든 것을 창조하신 하나님께서는 하늘과 땅의 주님이시므로, 사람의 손으로 지은 신전에 거하지 않으십니다. ²⁵또 하나님께서는, 무슨 부족한 것이라도 있어서 사람의 손으로 섬김을 받으시는 것이 아닙니다. 그분은 모든 사람에게 생명과 호흡과 모든 것을 주시는 분이십니다. (새번역)

묵

상

1 하나님은 어떻게 자신의 영광과 은총을 우리에게 보여
주시나요? 생태위기 속에 하나님의 영광과 은총을 발
견할 수 있는 곳은 어디인지 묵상해 봅시다.

(시편 19편 1절)

2 창조세계를 만드신 하나님은 어디에 계신가요? 인간
이 만든 성전 안에 계신가요? 사도행전이 전하는 하나
님은 우리에게 어떤 힘을 주시나요?

(사도행전 17장 24절~25절)

3 생명과 호흡과 모든 것을 선물로 받은 우리가 어떤 삶
을 살고 있는지 묵상합시다.　　(사도행전 17장 24절~25절)

4 하나님께서 우주와 그 속에 존재하는 모든 것을 지으
신 목적을 묵상해 봅시다.　　(사도행전 17장 24절~25절)

5 온 세상에 울려 퍼져야할 하나님의 소리는 어떤 소리
일까요? 생태위기에 직면한 오늘의 현실 속에서 하나
님의 부르심을 묵상해 봅시다.　　(사도행전 17장 24절~25절)

기후변화와 미세먼지 현실

기후변화와 지구온난화에 대한 문제는 30년 동안 계속 회자되어 왔다. 오늘날 기후변화의 심각성은 기후붕괴와 기후비상사태 선포라는 아젠다를 통해 전 지구적으로 확산되고 있다. 기후변화 문제는 '기후변화에 관한 정부간 협의체'(이하, IPCC)의 보고서를 통해서 과학적으로 문제제기 되어오고 있다.

IPCC는 유엔환경계획UNEP과 세계기상기구WMO가 공동으로 설립한 유엔 산하 국제 협의체이다. IPCC는 기후 변화와 관련된 전 지구적 위험을 평가하고 국제적 대책을 마련하기 위해 설립되었다. 이 협의체는 기후변화와 지구온난화에 대한 자료를 체계적으로 연구하여 지속적으로 제공하고 있다.

1990년, IPCC는 UN 산하의 범정부 연구자들과 함께 기후변화와 지구온난화의 현실을 과학적으로 연구한 평가 보고서를 발표했다. 이 보고서는 그동안 자의적으로 문제제기 되던 지구의 기후변화 현실을 과학적으로 증명했다. 이 보고서의 결과들은 자연을 무분별하게 착취하고 남용하던 전 세계 인류에게 큰 충격을 안겨주었다.

기후변화 보고서는 제1차(1990년), 제2차(1995년), 제3차(2001년), 제4차(2007년), 제5차(2014년) 연속적으로 발표되었다. 이후 2018년 10월, "지구온난화 1.5℃ 특별보고서"가 발표되면서 기후변화에 대한 심각성을 다시 환기시켰다. 또한 전 지구적 위험과 생태계 파괴는 더욱 심각하게 진행되었음을 확인시켰다. 기후변화의 현실을 과학적 근거로 설명하고 각 국가별로 어떻게 기후변화에 대응해야 할 것인지 정책결정자들에 대한 지침도 담고 있다.

지구온난화 1.5 ℃ 특별보고서

가장 최근에 발표 "지구온난화 1.5℃ 특별보고서"는 산업화 이후 지구의 평균온도가 약 1℃ 가 상승했고, 2030년부터 2050년까지 0.5℃로 온도상승을 막지 못하면 인류가 지금까지 경험해보지 못한 기후재앙을 맞게 될 것이라고 경고한다. 기후변화의 결과는 인류가 간빙기 이후 경험해 보지 못한 혹독한 기후가 될 것이다.

"지구온난화 1.5℃ 특별보고서"는 산업화 이후 지구의 평균온도가 약 1℃가 상승했고, 2030년부터 2050년까지 0.5℃로 온도상승을 막지 못하면 인류가 지금까지 경험해보지 못한 기후재앙을 맞게 될 것이라고 경고한다.

이 보고서는 인간의 산업화로 발생된 온실가스가 계속해서 증가한다면 기후변화 임계점은 10여년 후 도달할 것으로 예상한다. 지구의 온도상승은 대기 중 이산화탄소 농도 변화를 통해 그 추위를 확인하게 된다. 기후변화 임계점은 이산화탄소 농도 450ppm으로 예상하며 이는 공기분자 100만개 대비 이산화탄소 분자의 개수를 측정한 값이다. 이산화탄소 농도는 체계적인 측정이 시작된 1958년 이후 약 20%가 증가했고 2011년에는 산업화 초기에 비해 40%가 증가했다.

임계점 이후의 지구는 어떻게 변화될 것인가? 연구 보고서의 기후변화 시나리오는 현재와 같은 온실가스 배출이 지속될 경우, 21세기 말에 지구 평균기온은 약 4℃ 정도 상승할 것으로 예상한다. 또한 기후변화 임계점을 지난 지구는 인류가 그동안 경험해 보지 못한 급격한 기후변화를 겪게 될 것이다. 급격한 기후변화는 급격한 온도

상승과 폭우와 가뭄, 혹한 등의 일으킬 것이다. 지구온난화의 가속화로 인해 해수면이 상승하고 북극 툰드라 지역 영구동토층의 탄소배출도 가속화 할 것이다.

급격한 기후변화와 지구온난화의 가속화는 경작지를 상실시켜 식량위기와 대규모 환경난민을 발생시킬 것이다. 지구온난화는 일반적으로 해양보다 육지에서 더 크게 나타나며, 빈곤계층과 사회적 약자에 더 큰 영향을 미치게 된다. 기후변화와 지구온난화와 연동된 국가시스템의 붕괴는 내전이나 난민 등의 사회적 문제를 발생시킬 것이다.

기후변화와 지구온난화의 문제는 인류에게 큰 위험 될 뿐만 아니라, 지구에 서식하는 동식물들에게는 생물멸종에 직면하게 한다. 2019년 5월 발표된 생물다양성과학기구 UN IPBES 7차 총회 보고서에 따르면, 지구상에 존재하는 동식물의 8분의 1에 해당하는 100만종이 멸종위기에 처했고, 이들 중 50만종은 생존할 수 있는 서식공간이 없는 것으로 조사됐다. 동식물의 서식처인 숲과 살림도 2000년 이후 매년 650만ha^(우리나라 전체 살림면적)씩 사라지고 있다. 일부 학자들은 지금의 생물 멸종 속도는 공룡의 대멸종 속도와 맞먹을 정도로 심각하다고 경고한다.

기후변화 특별 보고서는 세계의 재앙이 시작될 지구 평균기온 상승폭을 1.5℃로 제안하기 위해 각국의 구체적인 탄소절감 로드맵을 작성을 요청하고 있다. 이는 2050

년까지 지구 평균기온 상승폭을 1.5℃로 막기 위해 전 세계 국가들의 이산화탄소 발생량을 제로로 만들어야 한다는 것이다.

기후변화와 지구온난화에 응답하는 탄소절감 요청은 우리나라도 예외가 아니다. 우리나라에 요청되는 탄소절감량은 2015년 발표된 파리기후협약에 따라 2030년 배출될 전망치 보다 37%의 온실가스를 더 줄여야 한다. 이를 위해서 정부가 제시한 탄소절감 정책은 에너지 전환을 통해 에너지 효율을 증대하고 보급을 확대하는 정책이다. 하지만 이러한 수준의 탄소절감 정책으로는 2050년 탄소제로국가는 불가능하다.

기후변화와 지구온난화 대책

기후재앙을 막기 위해 우리나라는 2030년까지 더 과감한 에너지 전환 정책과 온실가스 저감 정책을 요청받고 있다. 이와 함께 시민사회, 종교계와 연계하여 에너지 전환을 전국으로 확대할 필요가 있다. 또한 탄소 포집을 위한 숲과 산림을 조성하고 가꿀 필요가 있다.

1.5℃ 특별보고서는 각 국가의 정책결정자들에게 기후변화 대응 활동을 제시할 뿐만 아니라, 국가 정책으로 해결될 수 없는 시민들의 세계관의 변화를 강조한다. 기후변화로 우리가 경험하는 '폭염, 극한 기온, 폭우와 가뭄, 기근' 같은 기후재앙은 기후난민과 빈곤층, 사회적 약자

에게 더욱 심각하게 영향을 미치게 되기 때문이다.

이 보고서는 기후변화의 사회적인 영향을 강조하며 기후변화에 적극적으로 대응하는 세계관의 변화를 요청한다. 기후변화의 결과는 사회정의와 평등, 인간의 존엄과 관계된 사회문화적인 것과 깊게 연관되어 있다. 기후변화 문제는 기독교 신앙인들에게 시민들의 세계관을 변화시키기 위한 마중물의 역할을 요청하고 있는 것이다.

대기오염과 미세먼지

인간의 일상생활에 가장 큰 영향을 미치는 것은 공기와 물과 흙 등 원초적인 요소들이다. 이중에서 특히 공기는 인간의 생명과 직결되는 중대한 요소이다. 잠시라도 공기가 없으면 인간은 살 수 없다. 공기는 인간 뿐만 아니라 자연과 밀접하게 연관되어 있으며, 공기가 존재하는 지표면은 생물의 유일한 서식 공간이 된다. 학자들은 공기로 가득한 서식공간을 대기라고 정의한다. 인간은 대기 속에서만 생명을 유지할 수 있다.

대기오염은 산업화 이후 점차 감소되는 추세지만, 최근 미세먼지와 초미세먼지의 악화로 다시 관심이 증가하고 있다. 미세먼지는 최근 한국사회에 가장 많이 회자되는 단어이다. 미세먼지와 관련된 마스크와 공기청정기 등의 상품은 폭발적인 판매량을 기록하고 있다. 대기오염의 가장 큰 주범은 미세먼지이다. 미세먼지 중에서도

런던 스모그의 대기오염으로 수천 명의 시민들이 호흡기 및 폐질환으로 사망하였다.

입자가 작은 오염물질을 초미세먼지라고 정의한다.

　대기오염은 미세먼지에 비해 오래전부터 회자되어 왔다. 산업혁명 초기에 영국에서 발생했던 런던 스모그는 대기오염의 전형적인 사례이다. 산업혁명 당시 에너지원이었던 석탄은 많은 매연을 대기 중으로 방출했고 회색연기와 안개가 결합되어 1952년 런던 스모그가 발생했다. 런던 스모그의 대기오염으로 수천 명의 시민들이 호흡기 및 폐질환으로 사망하였다. 이 사건을 통해서 대기오염은 소리 없는 살인자라는 별명을 갖게 됐고 그 위험성을 해결하기 위한 대기오염 대책들이 실행됐다.

최근에는 산업혁명 초기에 주로 사용하던 석탄 사용보다 석유의 사용이 많기 때문에 갈색스모그가 많이 발생하고 있다. 석유를 에너지원으로 하는 자동차는 갈색 스모그를 일으키는 오염원이다. 대기오염 물질의 대부분은 화석연료를 연소시킨 결과로 발생한다. 자동차 배기가스와 난방연료, 화력발전 등에 의한 대기오염은 산업혁명 초기부터 지금까지 계속되고 있다.

미세먼지와 초미세먼지

일반적으로 미세먼지는 공중에 떠다니는 입자상의 물질들을 뜻한다. 미세먼지의 구조는 원소유기탄소와 2차생성물 그리고 중금속 유해물질 등이 합성돼 구성된다. 미세먼지의 분류는 세계보건기구WHO의 규정에 따라, PM10, PM2.5로 등으로 분류된다. 크기에 따라 구분되는데, 미세먼지 PM 2.5$^{2.5\mu m}$는 크기가 머리카락 굵기에 1/20 정도로 작아 눈에 보이지 않는다. $^{1\mu m\ =\ 1/1000mm}$ 하지만 최근에는 눈에 보이지 않던 작은 입자들이 하늘을 회색으로 만들어 미세먼지의 심각성을 눈으로 확인하게 한다.

미세먼지의 실태는 세계보건기구WHO의 발표 자료를 통해 그 심각성을 깨닫게 된다. 세계적으로 연간 700만 명이 미세먼지를 포함한 대기오염의 문제로 소중한 목숨을 잃는다. 또한 최근 가장 큰 문제로 지적되는 초미세먼지$^{Fine\ particle.\ PM\ 2.5}$도 전 세계에서 420만명의 목숨을 잃게 하는 심각한 오염물질이다.

더욱이 우리나라에서 미세먼지는 더 큰 문제를 발생시키고 있다. 서울연구원의 결과 발표에 따르면 대기오염과 초미세먼지의 문제로 한해 2만명이 목숨을 잃고 있다. 미세먼지 때문에 발생하는 경제적 손실은 한해 12조 3천억원에 달한다고 한다. 2016년, 예일대의 조사에서는 한국의 대기오염 수준이 초미세먼지의 경우 조사국가 180개국 중 173위를 기록했다. 2016 Environmental Performance Index, Yale University

미세먼지의 실태가 심각하기 때문에 그 원인에 대해서도 다양한 의견과 이해가 있다. 특히 중국으로부터 대부분의 미세먼지가 온다는 막연한 걱정은 미세먼지의 해결을 어렵게 한다. 시민정책포럼(2019)의 설문조사 결과는 88.2%의 응답자들이 미세먼지의 원인을 중국이라고 답했다. 우리나라의 화력발전이나 교통수단이 미세먼지의 원인일 것이라고 답한 사람들은 40% 뿐이다. 장재연 교수아주대, 환경운동연합 공동대표는 미세먼지의 원인이 중국발도 있지만, 그보다 우리가 사용하는화석연료와 우리가 배출하는 온실가스가 큰 원인임을 지적하고 있다. 이러한 주장은 미세먼지의 발생원인을 국내요인에 두고 구체적인 대책을 설정해야 해결이 가능하다는 것을 뜻한다.

미세먼지의 주요한 원인은 화석연료가 연소되면서 발생된다. 기후변화를 일으키는 온실가스는 미세먼지의 주

미세먼지의 주요한 원인은 화석연료가 연소되면서 발생된다. 기후변화를 일으키는 온실가스는 미세먼지의 주요한 원인이기도 하다.

요한 원인이기도 하다. 기후변화와 지구온난화는 극지방의 빙하를 녹이고 한반도가 포함된 율아시아 대륙과 바다의 온도 차이를 낮추게 된다. 북극과 율아시아 대륙의 온도차이가 줄면서 풍속도 감소하게 되고 대기는 정체되게 된다. 미세먼지는 기후변화가 만들어낸 대기정체가 큰 원인이 되는 것이다. 또한 기후변화로 강화된 폭염과 기온상승은 미세먼지를 악화시키는 중요한 요인으로 작용한다. 따라서 최근 학자들의 주장은 기후변화 대책과 미세먼지의 대책은 함께 진행되어야 함을 강조하고 있다.

1 기후변화와 지구온난화에 대해 가장 신뢰할 수 있는
   자료는 UN 산하 IPCC에서 발표했던 어떤 보고서인가요?

2 IPCC의 최근 보고서는 기후변화와 지구온난화가
   진행될 경우 어떤 결과들이 발생할 것이라고
   경고하나요?

3 기후변화와 지구온난화의 위기는 인류와
   이웃생명들에게 큰 위험이되고 있습니다.
   최근 발표된 UN IPBES 자료에 따르면 생물들에게
   직면한 위험은 어떤 것들이 있나요?

4 기후변화와 지구온난화를 막기 위해 UN이
   우리나라에 요구하는 것은 무엇인가요? 2030년까지
   구체적으로 지켜야하는 대책은 어떤 것이 있나요?

5   기후변화와 지구온난화에 의해 피해를 입는
    사람들은 누구인가요? 주로 어떤 나라와
    사회적 계층이 피해를 당하게 될까요?

6   인간과 자연이 생명을 유지할 수 있는 곳은
    어디인가요? 하늘과 땅이 만나는 이곳은 무엇으로
    이루어져있나요?

7   미세먼지와 초미세먼지의 발생원인은 어디에 있나요?
    또한 어떤 문제들을 일으킬 까요?

8   미세먼지의 원인에 대한 다양한 의견 중에서
    최근에 가장 논란이 되고 있는 의견은
    어떤 것인가요?

9   미세먼지와 기후변화는 어떤 관련성이 있나요?

기후변화와 지구온난화를 막고
창조세계를 회복시키기 위해 나와
교회가 실천할 수 있는 활동은
무엇이 있나요?

기후변화와 지구온난화에
직면하여 우리가 추가해야 할
하나님 나라운동은
어떤 것들이 있나요?

에너지 전환과 녹색은총

　기후변화와 미세먼지의 심각성을 경고하는 신학자들은 창세기 11장의 바벨탑 이야기를 예로 든다. 인간들은 자신들의 욕망과 탐욕을 채우기 위해 거대한 도시를 만들고 하늘 꼭대기 까지 닿을 바벨탑을 쌓게 된다. 이 탑은 인간 욕망과 죄의 결정체이다. 또한 탑을 쌓는 과정에서 발생한 어리석음도 고찰해 볼 수 있다. (창11:2-4)

　바벨탑을 쌓기 위해 역청을 태워 사용하는데, 이는 오늘날 석유와 석탄 같은 화석연료로 추측해 볼 수 있다. 바벨탑을 쌓기 위해 사용한 역청은 대기를 오염시켰을 것이고 노예들의 건강을 파괴했을 것이다. 또한 탑의 벽을 쌓기 위한 벽돌은 굽는 과정에서 지역의 대기를 오염시켰을 것이다. 벽돌을 굽기 위한 땔감으로 주변의 숲과 살림을

바벨탑Tower of Babel / 피테르 브뤼헬 Pieter Bruegel
55X114cm / 목판에 유채 / 빈 미술사 박물관

파괴하는 것은 당연했을 것이다. 이렇게 화석연료를 사
용하고 숲과 산림을 파괴하는 것은 인간의 타락과 심판이
라는 바벨탑 사건의 또 다른 모티브로 상상해 볼 수 있다.

　바벨탑 이야기는 인간의 죄에 대한 하나님의 심판을 경
고하고 우리의 삶을 자리를 다시 돌아보게 한다. 인간은
자연을 대상화하고 사물화 한다. 자신들의 욕망을 채우
기 위한 도구로 자연의 생명을 물화, 수단화하는 것이다.
타락한 인간에 대한 하나님의 경고와 심판은 바로 이러
한 삶의 자리와 깊은 관계가 있다.

한국교회는 하나님 창조하신 창조세계와 푸른 하늘을 회복하기 위해 온 힘을 다해 기도하고 실천해야 한다. 기후변화와 미세먼지의 문제는 우리의 삶의 자리의 변화 없이는 해결이 힘들다. 최근 발표된 기후변화 특별보고서가 시민들의 세계관 변화가 꼭 필요하다고 강조한 것도 일상생활의 실천을 통해서 전 지구적인 문제가 해결가능하기 때문이다. 한국교회의 신앙인들은 생태적 회심을 통해 창조세계를 파괴하던 삶을 돌이켜 지속가능한 삶을 만들어갈 수 있을 것이다.

한국교회는 생태적인 회심을 위해 우리가 직면한 기후변화의 현실과 미세먼지의 현실을 직시해야 한다. 생태위기의 현실은 교회 공동체의 환경교육을 통해 지속적으로 교육되어야 한다. 또한 생태적 영성을 함께 나누고 창조세계의 은총을 회복할 수 있는 예배와 교회학교 교육을 진행해야 한다. 매년 6월 진행하는 환경주일 예배의 참여는 생태적 영성을 나눌 수 있을 소중한 시간이 될 것이다.

한국교회 공동체의 교회당 옥상과 여유 부지를 이용하여 에너지 전환을 위한 햇빛발전소를 설치해야 한다. 자연의 숲과 녹지를 파괴하는 태양광 발전소가 아니라 도시의 건물과 유용한 땅을 이용한 햇빛발전소의 건설이 절실하다. 햇빛발전이 단순히 우리의 욕망과 탐욕을 채우기위한 생산의 도구가 아니라, 하나님의 값없는 사랑과 은총의 선물임을 명심해야 한다.

교회 옥상과 남는 땅을 이용한 햇빛발전소는 대안적인 에너지 전환을 가능하게 한다. 또한 에너지 수요의 측면에서 에너지 절감을 통해 에너지 전환을 이룰 수 있다. 우리가 사용한 에너지의 사용량은 전 세계에서 가장 높은 수준에 있다. 에너지를 절감하는 것은 쉽고 간단한 실천이지만 그 결과는 생태학적 위기를 해결하고 창조세계를 회복하는 가장 적극적인 실천이 된다.

생명을 보듬는 하나님의 품, 숲과 살림

푸른 숲과 맑은 하늘을 되찾기 위한 최고의 실천은 역시 나무를 심고 숲을 가꾸는 것이다. 우리가 배출한 이산화탄소와 대기오염 물질은 숲을 통해 맑은 공기로 정화될 수 있다. 또한 숲을 가꾸고 조성하는 것은 그 속에 삶을 영위하는 많은 이웃생명을 보듬는 일이다. 생물멸종에 직면한 수많은 생명체들은 숲에 깃들여 살아가고 있다. 숲은 생명을 보듬는 하나님의 품이다. 숲을 파괴하는 것은 생명을 죽이는 일이고 하나님의 은총을 거부하는 불신앙이다.

우리나라 전국토의 숲은 자본의 탐욕으로 수난을 당하고 있다. 2018 동계올림픽이라는 이벤트를 위해 수백년 된 가리왕산 숲을 파괴하고 복원하겠다던 약속도 미루고 있다. 또 전국의 산림에는 골프장을 짓는다는 이유로 파괴가 진행되고 있다. '토양지하수정보시스템' 2017년 보고 자료에는 전국의 골프장 수가 527개에 달한다고 한다.

청정지역으로 알려진 제주도의 오름과 곶자왈 숲은 난개발로 파괴되고 있다. 이 외에도 설악산 오색케이블카 문제와 한수원이 계획 중인 양수발전소의 문제, 그리고 DMZ, 전국각지의 골프장 예정부지 등 전 국토의 숲 파괴 과정은 창조세계의 파괴를 그대로 보여준다.

기후변화와 미세먼지의 문제 앞에 우리는 하나님이 값없이 주신 햇빛과 바람 그리고 물의 은총을 다시 생각해야한다. 자연을 통해 값없이 주신 신재생에너지를 교회가 적극적으로 설치하고 생산해야한다. 또한 최고의 은총은 생명의 숲이다. 지금 직면한 생태학적 문제들을 해결할 뿐만 아니라, 생명을 낳고 기르는 어머니와 같은 숲을 교회가 앞장서서 지키고 확대해 나가야 한다.

청정지역으로 알려진 제주도의 오름과 곶자왈 숲은 난개발로 파괴되고 있다.

맑은 하늘과
푸른 숲을
위한
우리의 실천

삶의 실천들을 적어봅시다.

다음은 자신의 생활을 아래의 질문을 기초로 평가하는 순서입니다. 각각의 항목에 주어진 예를 참고로 하여 자신의 생각이나 하고 있는 일을 쓰시고, 솔직하게 점수를 매겨 보세요. 또한 앞으로 매달 점검하여 자신의 실천이 얼마나 향상했는지 진단해 봅시다. 주어진 예는 번호가 큰 것일수록 점수가 높다고 생각하시면서 참고하십시오.

1. 우리 생활 속에 맑은 하늘은 어떤 의미를 갖습니까?

　　나의 생각:　　　　　　　　　　　　(　　)점

① 생각해 본적이 없다

② 맑은 하늘은 기분을 좋게 한다.

③ 하늘은 모든 생명의 중요한 요소인데, 우리가 오염시켰다.

④ 맑은 하늘은 생명의 원천이며, 창조섭리대로 회복해야한다.

2. 평소 대중교통을 이용하고 계십니까?

   나의 생각: (   )점

① 개인 자가용을 항상 이용한다.

② 경우에 따라서 자가용을 이용한다.

③ 버스나 전철 등, 대중교통을 이용한다.

④ 대부분 걷거나 자전거를 즐겨 탄다.

3. 에너지 절감을 위한 실천을 하고 계신가요?

   나의 생각: (   )점

① 멀티 탭을 사용하려고 노력한다.

② 대기전력이 차단하기 위해 노력한다.

③ 절전소 운동이나 소등행사에 참여해 본적이 있다.

④ 언플러그 예배(촛불예배)에 참여해본 적이 있다.

4. 하나님이 주신 청정한 에너지를 생산하고 계신가요?

   나의 생각: (   )점

① 에너지 전환을 위해 전기를 절약한다.

② 효율이 높은 친환경 전기제품을 사용한다.

③ 개인이나 교회가 햇빛발전소를 설치하고 운영한다.

④ 햇빛발전 협동조합에 참여한다.

5. 숲을 가꾸기 위한 활동을 하고 계신가요?

    나의 생각: (   )점

① 수목원이나 휴양림에 자주 간다.

② 식목일 전후해서 나무심기를 한다.

③ 옥상텃밭, 상자텃밭 등을 이용해 농사 짓는다.

④ 은총의 숲 등, 숲을 만들고 가꾸는 일에 참여한다.

6. 기후변화와 미세먼지 해결을 위한 당신의 노력은 ?

    나의 생각: (   )점

① 오늘날 창조세계가 파괴되고 있다는 사실은 알고 있다.

② 관심은 있지만 구체적인 실천은 하지 못한다.

③ 관심을 갖고 세미나나 공부모임에 참여한다.

④ 햇빛발전소 설치하고 숲을 조성하는데 참여한다.

7. 에너지 전환을 위해 얼마나 노력하고 계신가요?

    나의 생각: (   )점

① 에너지 전환은 국가중심의 정책실천 사항이다.

② 햇빛발전 협동조합에 참여하고 있다.

③ 태양광 패널을 개인적으로 설치했다.

④ 햇빛 발전소와 교회 절전소 운동에 참여하고 있다.

더
읽을거리

1장 더 읽을거리

1. 기독교환경운동연대, 『녹색의 눈으로 읽는 성서』 기독교서회, 2002
2. 마이클 고힌 그레이그 바르톨로뮤/김명희 번역, 『성경은 드라마다』, IVP, 2009
3. 알버트 월터스/ 양성만 번역 『창조, 타락, 구속』, IVP, 2007
4. 한국교회환경연구소, 『녹색성서묵상』, 동연, 2012
5. 데이빗 G. 호렐/ 이영미 번역 『성서와 환경』, 한신대학교출판부, 2014

2장 더 읽을거리

6. 조용개, 『생태학적 삶을 위한 환경윤리와 교육』, 한국학술정보, 2008
7. 후쿠오카 켄세이, 김경인 옮김 『즐거운 불편』, 달팽이, 2012
8. 야마구치 세이코, 은영미 옮김 『버리고 비웠더니 행복이 찾아왔다』, 나라원, 2016
9. 바르톨로메오스, 박노양 옮김 『신비와의 만남』, 정교회출판사, 2018
10. 프란츠 알트, 손성현 역, 『생태주의자 예수』, 나무심는사람, 2003

3장 더 읽을거리

11. 노영상, 『기독교와 생태학』, 성광문화사, 2008
12. 장회익, 『생태적 삶을 추구하는 영성』, 동연, 2011
13. 장성익 이광익, 『환경 정의, 환경 문제는 누구에게나 공평할까?』, 풀빛, 2017
14. 이향명, 『생태시대의 기독교교육』, 대한기독교서회, 2017

4장 더 읽을거리

15. 한국교회환경연구소, 『한국교회의 에너지 전환과 햇빛발전소 이야기』
동연, 2018

16. 조천호, 『파란 하늘 빨간 지구』, 동아시아, 2019

17. 장재연, 『공기파는 사회에 반대한다』, 동아시아, 2019

18. IPCC 「지구온난화 1.5도 특별보고서」 요약자료
http://www.climatechangecenter.kr

관련
동영상

1. 〈"에너지 SAVE!" 지구를 지키는 즐거운 불편 운동〉 서울 YWCA
https://www.youtube.com/watch?v=_pzlHle_lz0

2. 〈인간도 멸종될 수 있습니다〉 한국환경공단
https://youtu.be/MqUCO-UZCCo

3. 〈뉴스G〉 기후변화의 최대 피해자, 어린이
http://news.ebs.co.kr/ebsnews/allView/10894318/H#none

4. 〈기후변화대응 에너지전환 협동조합〉 기후변화 관련 강좌
https://www.youtube.com/watch?v=rGmjT_LvVVM

신앙으로 읽는
생태교과서

2019년 9월 25일 초판 1쇄 인쇄
2019년 9월 30일 초판 1쇄 발행

엮은이	(사)한국교회환경연구소/기독교환경운동연대
지은이	김신형 이원영 윤병희 장동현
펴낸이	김영호
펴낸곳	도서출판 동연
디자인	반가운:)디자인UNa2
주소	서울시 마포구 월드컵로 163-3
전화	02)335-2630
전송	02)335-2640
이메일	h-4321@daum.net / yh4321@gmail.com
블로그	https://blog.naver.com/dong-yeon-press

Copyrightⓒ (사)한국교회환경연구소/기독교환경운동연대2019

ISBN 978-89-6447-532-4 03400

이 책은 환경부 2019 사회환경교육프로그램
(종교분야) 지원사업으로 제작되었습니다.